气象为新农村建设服务系列丛书

水产养殖与气象

商兆堂　蒋名淑　汤红兵　编著

U0754562

气象出版社
China Meteorological Press

图书在版编目(CIP)数据

水产养殖与气象/商兆堂,蒋名淑,汤红兵编著.—北京:气象出版社,2008.3(2017.3重印)

(气象为新农村建设服务系列丛书)

ISBN 978-7-5029-4463-6

Ⅰ.水… Ⅱ.①商…②蒋…③汤… Ⅲ.农业气象-关系-水产养殖-研究 Ⅳ.S96 S16

中国版本图书馆 CIP 数据核字(2008)第 018456 号

出版发行：气象出版社
地　　址：北京市海淀区中关村南大街 46 号
邮政编码：100081
网　　址：http://www.qxcbs.com
E-mail：qxcbs@cma.gov.cn
电　　话：总编室 010－68407112，发行部 010－68408042
总 策 划：刘燕辉　陈云峰
策划编辑：崔晓军　王元庆
责任编辑：崔晓军
终　　审：汪勤模
封面设计：博雅思企划
责任技编：刘祥玉
责任校对：牛　雷
印 刷 者：三河市百盛印装有限公司
开　　本：787 mm×1 092 mm　1/32
印　　张：2.5
字　　数：56 千字
版　　次：2008 年 3 月第 1 版
印　　次：2017 年 3 月第 18 次印刷
印　　数：118 721～121 720
定　　价：10.00 元

序

我国是一个农业大国,农村经济和人口都占有相当大的比例,没有农村经济社会的发展,就没有整个经济社会的发展,没有农村的和谐,就难以实现整个社会的和谐。党的十六届五中全会提出了建设社会主义新农村的战略部署,这是光荣而又艰巨的重大历史任务,成为全党全国人民的共同目标。农业安天下,气象保农业。新中国气象事业始终坚持为农业服务,几代气象工作者为我国农业生产和农业发展努力做好气象保障服务,取得了显著的成绩,得到了党中央、国务院的充分肯定,得到了广大农民的广泛赞誉。建设社会主义新农村对气象工作提出了新的更高的要求,《中共中央 国务院关于推进社会主义新农村建设的若干意见》(中发〔2006〕1 号)明确提出,要加强气象为农业服务,保障农业生产和农民生命财产安全。《国务院关于加快气象事业发展的若干意见》(国发〔2006〕3 号)也要求,健全公共气象服务体系、建立气象灾害预警应急体系、强化农业气象服务工作,努力为建设社会主义新农村提供气象保障。为此,中国气象局下发了《关于贯彻落实中央推进社会主义新农村建设战略部署的实施意见》,要求全国气象部门要围绕"生产发展、生活宽裕、乡风文明、村容整洁、管理民主"的建设社会主义新农村的总体要求,按照"公共气象、安全气象、资源气象"的发展理念,积极主动地做好气象为社会主义新农村建设的服务工作。要加强气象科普宣传力度,编写并发放气象与农业生产密切相关的教材;要积极开展新型农民气象科技知识培训,大力提高广大农民运用气象科技防御灾害、发展生产的能力;要开办气象知识课堂,定期、不定期对农民开展科普培训;要加强农村防灾减灾和趋利避害的气象科普知识宣传,对学校开展义务气象知识讲座,印制与"三农"相关的气象宣传材料、科普文章和制作电视短片等。

气象出版社为深入贯彻落实中国气象局党组关于气象为社会主义新农村建设服务的要求,结合中国气象局业务技术体制改革,积极推进气象为社会主义新农村建设服务工作,并取得实实在在的成效,组织全国相关领域的专家精心编撰了《气象为新农村建设服务系列丛书》。该套丛书以广大农民和气象工作者为主要读者对象,以普及气象防灾减灾知识、提高农民科学文化素质和气象工作者为社会主义新农村建设服务的能力为目的,行文通俗易懂,既是一套农民读得懂、买得起、用得上的"三农"好书,又是气象工作者查得着、用得上的实用服务手册。

中国气象局局长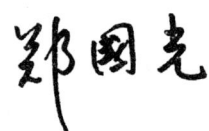

2007 年 5 月

目　　录

1. 水质是指什么

　　水质是对水体质量的简称,是一个抽象名词。水是地球上生命赖以存在的主要条件之一,所以,人们高度重视水质的研究,认为水质标志着水体的物理性质、化学和生物特性及其组成的状况。水质由描述它的物理及化学性质等特征的一系列指标体系来界定。水质中的物理性质主要包括水的温度、透明度、水色、气味、浊度等;化学特性主要包括无机物和有机物的含量及其所处的状态;生物特性主要指细菌、微生物、浮游生物、底栖生物的含量及其生长发育状况等。

　　为客观评价和控制水体质量状况,各国政府的有关管理部门根据水的不同用途制定了不同的水质评价指标体系,如生活饮用水、工业用水和渔业用水等国家水质标准。在某地开展具体养殖品种养殖之前,首先要弄清楚具体养殖品种对水质的具体要求,如溶解氧含量等;其次要通过当地水利、水文、气象部门详细了解准备用于养殖区域的水质状况和可能的改变能不能满足这种养殖品种对水质的要求。

2. 水色一般分成几类

　　水色是人们正常视力在正常的天气条件下现场所看到的水体颜色。水体呈现不同的颜色主要是由水中浮游生物的种类和数量、悬浮非生物和水分子对入射光线的选择性吸收和色散的综合作用而决定的。科研院所等从事科学研究的部门测定水色一般采用特制的标准水色水样与要观测的水样进行比较,确定水色;标准水色水样从蓝色到褐色共分成 21 个标准色。实际养殖生产管理者,没有经过专业训练,不可能按专业部门测定水色的方法进行,并且测定水色的目标主要是判断水质对养殖是否有利,而是一般根据水色与水的肥瘦及水中浮游生物的繁殖情况等将水色分成四类进行观测和记录。一类(肥水质),一般透明度为 30~40 cm,呈油绿色或黄绿色;二类(较肥水质),一般透明度为 40~60 cm,呈草绿色或草绿略带黄色;三类(清瘦水质),一般透明度为 60~70 cm,呈浅绿色;四类(过肥水质),一般透明度为 20~30 cm,呈蓝绿色或"水华"。

不同养殖品种对水色的要求不一样,对大部分养殖品种而言,在生产管理中将水色控制在一类最为理想;少数养殖品种水色控制在二类对其生长发育比较有利;如果水色为三类则要向池中施肥进行肥水,用肥量要根据水体大小等实际情况确定;四类水色对养殖品种的生长发育不利,尤其在夏季容易发生浮头泛塘现象而造成重大损失,需要立即向养殖池中输入新鲜水体,改善水质。

3. 什么是水体透明度,如何测量

透明度是指人们正常视力在正常的天气条件下可以看清楚的水体深度。目前测定透明度的方法主要有两种:①直接测量法(又称沙氏盘法)。取一个直径 30cm 的圆盘,将其漆成纯白色或黑白各占一半,在盘中心系一根测绳,用手提测绳将测量盘缓缓放入水中,至肉眼刚看不见时记录下深度,再从水下缓缓提起,至肉眼刚能看见时记录下深度,取其平均值,即为透明度的测量值。②间接测量法。用水中照度计先测水面的光照强度,然后向水体中垂直向下延伸测量,当量程仅有水表面的 1% 或以下时的深度即为透明度。

由于间接测量法设备贵,难度大,所以,实际水产养殖生产中一般都采用直接测量来测量水体的透明度。因为一天中不同时间测量的水体透明度是有差异的,因此,为了便于比较,每个池子的观测时间要相对固定,一般宜在每天 14—15 时测定。

4. 如何测定水中溶解氧

溶解氧是指溶解在水里氧气的量,一般用每升水里氧气的毫克数表示。水生生物主要靠鳃呼吸,从水中分离出氧气来满足其生长发育对氧气的需要,所以,单位水体中的溶解氧浓度将直接决定其生存状况,因此,养殖管理中一项很重要的工作是按时测定养殖池中水体的溶解氧含量,以决定采取什么样的应对措施。目前,测定水中溶解氧含量主要有两种方法:①用能测定溶解氧含量的仪器在养殖池中直接测定;②实验室分析法,即将水样取回实验室通过化学分析测定。

生产上应用较多的是实验室分析法,具体操作:①取样。用虹吸法装满容积为 100～150 ml 的一瓶具有代表性的池水水样,从水样瓶中用虹吸法装满容积为 30 ml 的小水样瓶一瓶,立即向小水样瓶中加硫酸锰 3 滴、碱性碘化钾 3 滴,盖上瓶盖并摇匀、静置带回实验室备测。②测定:向小水样瓶中加滴浓硫酸 3 滴,盖上瓶盖并摇匀。用量筒取小水样瓶中 25 ml 酸化后的水样放入锥形瓶中,用 0.05 N(N 为标准当量浓度)硫代硫酸钠滴定到溶液为淡黄色时,加 0.5% 淀粉 8～10 滴,再继续滴定到蓝色消失,记录滴定消耗体积 V(ml)。为了测出的结果具有代表性,至少进行 2 个重复,计算出几个重复的 V 的平均值。③计算:水体中单位体积含氧量(mg/L)= 320 · N · V。

5. 什么叫 pH,如何测量

pH 中的 p 代表压强、压力(pondus),H 代表氢(hydrogenium),pH 是用来表示溶液中氢离子浓度的一种标度,又称氢离子浓度指数,计算公式为

$$pH = -lg[H^+]$$

式中[H^+]为氢离子的体积摩尔浓度,单位为 mol/L。纯水在标准温度和压力下自然电离出的氢离子(H^+)和氢氧根离子(OH^-)浓度的乘积始终是 1×10^{-14},且两种离子的浓度相等,即都是 1×10^{-7} mol/L,则有 pH = 7。如果 H^+ 的浓度大于 OH^- 的浓度,溶液酸性强,这时计算出的 pH 小。反之,H^+ 的浓度小于 OH^- 的浓度,溶液碱性强,这时计算出的 pH 大。说明,pH 愈小,溶液的酸性愈强;pH 愈大,溶液的碱性就愈强。$0 \leqslant pH \leqslant 14$,当 $0 \leqslant pH < 7$ 时溶液呈酸性;当 pH = 7 时溶液呈中性;当 $7 < pH \leqslant 14$ 时溶液呈碱性。

目前,测量 pH 成熟的方法很多,养殖生产上使用最多的是试纸法和室内 pH 测量计测量方法。试纸法比较实用但精度不够,具体测量方法是蘸少许待测水样到试纸上,根据试纸的颜色变化与比色卡上的标准颜色比较来确定水体的 pH。pH 测量计是一种测量溶液 pH 的仪器,它通过 pH 选择电极(如玻璃电极)来测量出溶液的 pH。具体操作步骤:①取水样。用虹吸法取池子中层具有代表性的水样 100 ml 左右。②pH 测量计的校准。每次进行测量前要先对 pH 测量计进行校准,具体校准方法按仪器使用说明书的要求进行。③测定操作。选择旋钮拨到"测温"挡,用约 10 ml 纯水洗涤复合电极和测温探头,并用滤纸将其表面的残液吸干。取约 30 ml 待测水体放在 50 ml 聚乙烯(玻璃)烧杯中,将复合电极和

测温探头同时浸入至液面以下,轻轻摇晃杯子,显示值稳定时(显示温度与校准所用缓冲溶液温度相差要求小于 2 ℃),将仪器的选择旋钮拨到"pH 测量"挡,轻轻摇晃杯子,样品静置几秒后,待 pH 读数相对稳定时读取并记录其值(保留两位小数),重复读取和记录 3 个相对稳定的 pH 读数值,求其平均值作为水体的 pH。

6. 养殖池水中要测定哪些重金属含量

　　随着工农业的快速发展,环境污染形势日趋严重,因受到工农业生产的"三废"影响,水质状况不断恶化,水产品安全目前越来越受到全社会的关注,而要保证水产品安全的关键是水质安全和养殖中所使用的饲料安全,水质安全中很重要的一项指标是水中重金属含量。目前,要求检测的重金属主要有铬、镉、铜、砷、汞、铅、锌、锑、铁、锰等。检测方法主要有两种,一种是用测水质仪器直接测定;另一种是用化学分析方法测定。

7. 何谓海水盐度,如何测定

　　所谓海水的盐度,是指 1 kg 海水中所含溶解物质的总量(g),盐度的单位为 g/kg,即‰。海水中含有许多溶解盐类,目前已测定有 80 多种元素,其中以氯的含量最多,占全部盐类含量的一半以上。海洋中某一区域增盐的因素有蒸发、结冰、高盐海水的水平流入、与高盐海水的混合、含盐沉积物的溶解等。减盐的因素包括降水、融冰、低盐海水的水平流入、与低盐海水的混合、陆地上的淡水流入等。所有这些因素在不同时间、不同地点,它们的相对重要性是不相同的。对大洋来说,蒸发、降水、环流和海水的混合最为重要。在高纬度的寒带海区,结冰和融冰对盐度的影响很大。沿岸海区,尤其是入海河口海区,盐度的变化则取决于大陆河流向海洋输入淡水(入海径流)的多少,所以盐度的变化范围较大。在广阔的大洋中,海水的盐度一般在 32‰～37.5‰范围内变化,世界海洋的平均盐度为 35‰。我国长江口海域,在冬季的枯水期可以测到海水的盐度为 12‰;但是,夏季洪水季节,同一地点测得的盐度仅有 2.5‰。

　　海水含盐量、温度和压力是研究海水的物理和化学特性的最基本参数。海洋中发生的许多现象和过程都与盐度的分布和变化有一定的关系,原产地不同的海产品对盐度的要求是不一样的,因此,海水盐度是海水养殖中的一个重要环境指标。测量盐度的方法很多,最原始的方法是取一定量的海水样品,加盐酸酸化后,再加氯水,蒸干后继续升温,最后在 480 ℃条件下烘至恒重,称量剩余的盐分。随着技术发展,测量方法越来越多,目前常用的方法是:①直接用测量盐度的仪器测定。②用比重计测定。用仪器测定精度高,但测定成本高,操作困难,所以生产上最实用的是用比重计测定。比重计读数(B)与盐度(S)和水温(T)三者之间的关系为:

$$S=1\,305(B-1)+0.3(T-17.5)(T\geqslant17.5\ ℃)$$
$$S=1\,305(B-1)+0.2(17.5-T)(T<17.5\ ℃)$$

　　例如:水温 25 ℃,比重计读数为 1.003 时,盐度则为 $S=1\,305(1.003-1)+0.3\times(25-17.5)=6.17(‰)$。

8. 养殖水体的污染与危害有哪些

　　养殖水体的污染可分为病原体污染、需氧物质污染、植物营养物质污染、无机物污染和有毒化学物质污染等几种类型。

据中国环境状况公报,我国江河湖库水域普遍受到不同程度的污染,并有加重的趋势。我国七大水系中的主要污染指标为氨氮含量、高锰酸盐指数、挥发酚含量和生化需氧量。它们对养殖产量和品质影响较大,对品质的影响更明显。水体污染对养殖产业的影响分为显性影响和隐性影响两种,所谓显性影响是指影响很快就能表现出来,如病原体污染、需氧物质污染、植物营养物质污染等污染后,养殖水产品会很快生病,甚至死亡,严重影响养殖水产品的产量和品质,使养殖人员很快就会发现,并采取必要的措施降低损失。最可怕的是隐性影响,污染程度轻,时间长,养殖品的生长速度变慢甚至不影响生长速度,但有害物质在水产品体内累积,甚至平时养殖品根本不出现污染症状。如微量的重金属污染,平时养殖产品看不出来有什么异样,人们认为是安全的,长期食用后,这些污染物通过生物链的作用而逐步在食用者体内产生富集,人们体内重金属含量不断增高,达到一定量后便会导致各种不治之症。居住在日本富山市神通川下游地区的一些农民长期食用受到镉污染的河水灌溉生长的稻米和繁殖的水产品,镉污染通过食物链进入人体,在体内逐渐积聚,引起镉中毒,造成“骨痛病”。得病初期,患者只感到腰、背、手、足等处关节疼痛,以后发展为神经痛。患者走起路来像鸭子一样摇摇摆摆,晚上睡在床上经常痛得直喊“痛……”,因此,这种病被称为“痛痛病”,又称为“骨痛病”。

9. 何谓气温和水温,之间的关系如何

气象学上把表示空气冷热程度的物理量称之为空气温度,简称气温。恒量温度高低的标准称之为温标,正常使用的温标有三种,分别是摄氏温标($℃$)、华氏温标($℉$)和热力学温

标(K),三者之间的关系为:

$$°F = \frac{9}{5}°C + 32$$

$$K = 273.15 + °C$$

气象学上把表示水体冷热程度的物理量称之为水体温度,简称水温。使用的温标与气温相同。

由于空气和水的热容量不同,因此在相同季节气温和水温随太阳热量的变化是不同步的。一般来说,春季气温上升速度超过水温,升温快;秋季正好相反,气温降温速度要快于水温。夏季气温高于水温,冬季相反,水温高于气温。一天中水温的变化周期比气温推迟 1～2 小时。气温与水温之间的差异大小是由水体的大小决定的,水体越小两者的差异越小。靠近海岸的海水温度与海边(靠近海水的)气温的关系与邻近沿海(离海边大约有 10～50 km)的西部气象台站的气温与沿海滩涂养殖池水温的关系两者之间有明显的差别。

(1)设沿海日平均气温为 $T_{气i}$,日平均水温为 $T_{水i}$,i 为月份编号,1 月 $i=1$,2 月 $i=2$,……,12 月 $i=12$;根据气候特点,将 3—5 月定为春季,6—8 月定为夏季,9—11 月定为秋季,12 月—翌年 2 月定为冬季,设各季节的日平均气温 $T_{气j}$,日平均水温为 $T_{水j}$,j 为季节。其间的关系为:

$$T_{水1} = 2.760818 + 0.539429 T_{气1}$$

$$T_{水2} = 2.361578 + 0.578445 T_{气2}$$

$$T_{水3} = 2.586924 + 0.696240 T_{气3}$$

$$T_{水4} = 3.294925 + 0.709841 T_{气4}$$

$$T_{水5} = 3.550405 + 0.791482 T_{气5}$$

$$T_{水6} = 6.975528 + 0.680112 T_{气6}$$

$$T_{水7} = 8.200809 + 0.685816 T_{气7}$$

$$T_{水8} = 14.139\ 716 + 0.498\ 797 T_{气8}$$

$$T_{水9} = 2.770\ 496 + 0.937\ 016 T_{气9}$$

$$T_{水10} = 4.283\ 981 + 0.861\ 115 T_{气10}$$

$$T_{水11} = 5.091\ 393 + 0.729\ 354 T_{气11}$$

$$T_{水12} = 2.067\ 171 + 1.019\ 794 T_{气12}$$

$$T_{水春季} = 0.864\ 842 + 0.912\ 814 T_{气春季}$$

$$T_{水夏季} = -0.305\ 044 + 1.016\ 805 T_{气夏季}$$

$$T_{水秋季} = 3.124\ 654 + 0.919\ 905 T_{气秋季}$$

$$T_{水冬季} = 2.047\ 791 + 0.883\ 788 T_{气冬季}$$

通过以上的式子就可以根据预报的气温计算出对应的水温,为了方便记忆,利于生产上简便计算及其应用,可以忽略季节影响,设全年每天的日平均气温为 $T_气$,日平均水温为 $T_水$,经计算,其关系式为:

$$T_水 = 1.649\ 473 + 0.942\ 964 T_气$$

上式可以这样记,气温的 94% 加上 1.6 等于水温。

(2)设西部邻近气象台站日平均气温为 $T_{西气i}$,沿海滩涂养殖池 60 cm 深日平均水温为 $T_{池水i}$,i 为月份编号,1 月 $i = 1$,2 月 $i = 2$,⋯⋯,12 月 $i = 12$。通过计算,其间的关系为:

$$T_{池水1-2} = 4.006 + 0.639 T_{西气1-2}$$

$$T_{池水3} = 5.861 + 0.573 T_{西气3}$$

$$T_{池水4-5} = 6.715 + 0.707 T_{西气4-5}$$

$$T_{池水6} = 6.1 + 0.774 T_{西气6}$$

$$T_{池水7-8} = 5.49 + 0.84 T_{西气7-8}$$

$$T_{池水9} = 4.59 + 0.85 T_{西气9}$$

$$T_{池水10} = 3.6 + 0.88 T_{西气10}$$

$$T_{池水11} = 7.831 + 0.476 T_{西气11}$$

$$T_{池水12} = 5.35 + 0.359 T_{西气12}$$

在养殖过程中把握温度时要特别注意三点：①气温变化具有阶段性和局地性，必须要根据当地气象台站当时的预报气温计算出对应的水温来确定温度是否适宜。②正常人在室外感觉的空气温度与气象台站预报的空气温度是有差异的，气象台站预报的气温是以特定的观测环境中百叶箱内距地面1.5 m高度的空气温度为参照系的，与自然条件下的室外温度有明显区别。一般晴天的白天，尤其是下午外界空气温度明显高于百叶箱内的温度，但夜间外界空气温度明显低于百叶箱内的温度。因此，外界实际气温与百叶箱中气温的最大区别是最高气温外界偏高，最低气温外界偏低。③水温与气温的关系在沿海和沿海滩涂的养殖池及不同季节是有差别的。

10. 养殖中的三基点温度是指什么

水产品是水生生物，其生长发育最基本的要求是要有一定的能量保证，而环境温度(水温)是伴随其一生的最重要的能量场，水温的变化直接决定水产品的生长发育和生活习性，所以，人们关于水温对水产品生长发育的影响研究较多，其中最基本的是关于"三基点温度"的研究。所谓"三基点温度"是指一个具体养殖品种的一个具体发育阶段对温度的适应程度指标，分别为生长发育的上限温度，即超过这一温度，生长发育将受到抑制；最适温度，即在这个温度附近，对生长发育最有利，生长发育最快；下限温度，即低于此温度生长发育将受到影响。

11. 何谓积温，在养殖管理中有何用处

所谓积温可以简单地理解为一定时间内温度的累积，单

位为℃·d。生产上常用活动积温和有效积温来衡量一地热量条件对某一养殖品种生产的影响。活动积温是指某时段或生长季节内逐日活动温度的总和,活动温度是指高于某一养殖品种某一生育阶段生长发育所需要的下限温度,能够进行正常生长发育的温度。有效积温是指某时段或生长季节内逐日有效温度的总和,有效温度是指对生长发育有实际效果的那部分温度。如:养殖中国对虾适宜生长的下限温度为16 ℃,上限温度为30 ℃,4月的某一天日平均水温为15 ℃,则这一天的活动温度和有效温度都为0 ℃;5月的某一天日平均水温为18 ℃,则这一天的活动温度为18 ℃,有效温度为18−16=2(℃);8月上旬某一天的水温为35 ℃,则这一天的活动温度为30 ℃,有效温度为30−16=14(℃)。

水产品的生长发育必须要有一个热量的积累过程,所以,积温:①可以用来衡量某一具体养殖品种从一地引到另一地养殖时热量条件是否满足,为引养成功提供技术保障;②可以根据某一养殖品种从一个生育阶段到另一个生育阶段所需要的积温,结合气候预测的结果预测可能的长势,为科学管理提供决策依据;③可以根据每年的积温进行气候分析,评估气候对养殖的影响,为制订科学管理方案,提高生产管理水平提供服务。

12. 如何科学利用气象条件进行池塘养殖管理

大部分水产品养殖都采用池塘养殖,池塘养殖主要涉及池塘面积、池塘深度、放养密度、饲料投喂、水质管理、收获时间等六个关键问题,这六个问题都与气象条件有关。

(1)在设计池塘面积的大小时首先要考虑当地常年的平

均风速,一般风速较小,为 3～5 m/s 时可以设计 3～4 hm² 的池塘。如果池塘面积过大,则平时风在池中形成的浪大,会搅混水体,严重影响养殖品的正常生长发育;但若面积过小,风对水体扰动不够,池中上、下水体不能及时扰动,会形成池水分层,上、下层水质不均,则中、下层水体会污染严重,容易造成生活于底层的养殖品因缺氧而死亡等。另外,进水口一定要建在盛行风向的方向,这样有利于池中污染物自动向排水口集中。

(2)在设计池塘的深度时主要要考虑温度的季节差异和降水特点。如果养殖时间短,养殖期间温度变化不大,则可以浅一点;反之,养殖季节长,温度跨度大,则必须建深池。同样,在降水比较少的季节,可以建浅一点,反之,则要建深一些。

现以沿海养虾池为例对这一问题加以具体说明。根据设计的试验观测资料分析,池水水温分布形成上、下截然不同的两层,是由对虾池上、下层水体所受到的热力条件和环境条件不同所决定的,上层水体主要受制于太阳辐射,而且滩涂开阔,海陆影响明显,通常情况下风速较大,日平均风力在 3 级以上,这就使得从水面到 0.8 m 深度的水体充分混合,温度分布趋于一致,其日变化特征与气温相同;0.8 m 以下直到水底层,该层水体除受到表层水体的混合导热影响,呈不规则的温度波动外,更主要的是受制于下垫面的导温和导热特性影响,日变动幅度明显趋缓,当水深达 2.5～3.0 m 时日变化更小。因此说,越往深处,气温对水温的影响越小。

下面再来看降水对水质的影响。设某虾池水深为 h(m),面积为 $s(\text{m}^2)$,盐度为 $y_d(‰)$,降水量为 $R(\text{mm})$,则降水造成的盐度变化 y_b 为:

$$y_b = y_d - \frac{y_d h s}{s\left(h + \dfrac{R}{1\,000}\right)}$$

整理后得出：

$$y_b = y_d - \frac{1\,000\,y_d h}{1\,000 h + R}$$

由此式可知,降水引起的盐度变化主要与降水量、池水盐度和池水深度有关,与水池面积大小无关,水池越深降水造成的盐度变化越小。

所以,要保证水质和水温受气温和降水的影响小,就要建立深池,一般以 2.5~3.0 m 为宜。

(3)放养密度主要由水体大小(不是水面面积大小)、养殖品种、养殖目标和生产管理能力决定。其中,最重要的是要考虑到整个养殖过程中的主要灾害性天气可能的影响,对不同养殖品种是不一样的。如:在养殖中国对虾时必须计算低气压时水中溶解氧所能承受的最大养殖密度。

(4)饲料投喂时一定要注意晴好天气多投、勤投;阴雨等不利天气少投甚至不投。

(5)水质管理的关键是看天管理。不同季节影响水质的关键因素不同,如:夏季关键是高温、强降水、台风、低气压等,春秋季关键是强降温。对不同的灾害性天气应采取不同的对策,如:强降水来临前要预降池水水位,加强巡塘力度,发现问题及时处理,确保不溢池、不浮头、不泛塘等。

(6)看天收获是对传统农业的一种评价,其意思是一定要在不适宜生长发育的天气条件来临之前收获,所以,要根据养殖品种的特性和当地气象台站的中长期预报确定一个气候收获期,在气候收获期内以养殖效益最佳为原则适时收获。

13. 如何科学利用气象条件进行网箱养殖管理

　　网箱养殖作为一种新型的养殖方式正在全国各地快速发展，这种养殖方式与池塘养殖方式有相同之处，也有不同之处，在管理中要注意以下三个问题。

　　(1)在设计网箱箱体时必须要考虑所养殖水中的水的流速、养殖品的大小及大风的影响等，来决定网的目数，保证网箱内水体流畅。同时要考虑水温的分层以确定网箱的深度和系留在水中的高度。网箱固定时一定要处于水流上游或静止水域的盛行风上方。

　　(2)由于网箱养殖与池塘养殖最大的区别是在网箱中人工培育鲜活自然饲料难度大，所以，网箱养殖的投饵次数要多，量要足，但要注意不能因投饵过量污染水质。投喂时更要注意晴好天气多投、勤投；阴雨等不利天气少投，甚至不投。投饵时一定要考虑水流的影响和网箱的下漏问题，以达到吃饱且残饵少为目标。

　　(3)在大风和强降水等灾害性天气来临前要及时清洗箱体，保证水流畅通，减轻水流的冲击力；并及时调整网箱在水中的系留高度或将箱体迁移到天气影响相对较轻的水域。一定要防止受污染的水流经网箱区，严格控制外部水质，确保灾害性天气影响过程中养殖品所处的环境不发生突变。

14. 如何科学利用气象条件进行稻田养殖管理

　　稻田养殖是近年来发展起来的一种新兴的水产养殖方式，它是与有机农业、绿色农业结伴而生的，主要优点是投资小、管理方便、产品生产过程污染轻、产量高、品质好、经济效益高。但稻田养殖与池塘养殖最大的区别是水体小,水温和水质受天气的影响程度更大。为了防止温度因天气影响而突变,开挖的养殖沟宽深为 0.5 m×0.8 m 较为适宜,有条件的可以更大一些,这样,沟中温度能相对稳定。在进水口最好开挖一个深的暂养池,其面积以占稻田面积的 1‰~5‰ 为宜,确保能在稻田喷药、暴雨来临前、水稻搁田期间等特殊情况时可以将养殖品在深暂养池中临时高密度养殖。为了延长养殖周期,应在水稻移栽前,将养殖产品幼苗放在深暂养池中暂养,暂养池中水体要小,以利用春季气温升温速度快于水温的特点来提高水温,加快幼苗的生长速度,水稻移栽成活后,加大暂养池中水体使养殖品溢到全田养殖。由于稻田养殖水体小,要充分利用肥水技术培养鲜活饵料,尽量减少人工饵料的投喂量,这样,养殖水产品既可以为水稻消灭害虫等,同时其排泄物又为水稻提供了生物肥料。在夏季高温、低压、浓雾天气来临时要加强巡田,加大水体,预防缺氧造成损失。如:稻田养蟹把原来不相干的种植业和养殖业有机结合起来,把种植业和养殖业这两种不同的生产场所合并在一起,充分利用人工影响,使自然的稻田生态系统向更加有利于水稻高产优质的方向转化。主要表现为:稻田中的蟹能清除田中杂草,吃掉害虫,减少水稻病虫害的发生发展;蟹的排泄物可肥田,促进水稻生长。而水稻能为河蟹的生长发育提供丰富的天然饵料和良好的栖息环境。两者互惠共生,形成了优势互补、良性循环的生态系统。具体技术如下:

养殖田块准备:要选择水源充足、水质良好且排灌方便的田块。在准备养蟹的田块四周要用塑料薄膜围栏防逃,薄膜一端埋进田埂土里,另一端要比田埂高 0.5 m 以上,每隔 1~2 m 用桩固定,四角必须围成圆弧状。在田中要开挖深宽 1 m

×0.5 m(根据田块大小和具体养殖设计等可以开挖其他规格的沟)的环沟或条沟,沟要离田埂 2 m 或以上,在田角要挖一个暂养池。放苗前对田块严格消毒并彻底清除敌害。

放养:在水稻移栽前先将蟹暂养在稻田边角的暂养池中,到水稻移栽结束后,再通过加水将其自然扩散到全田养殖。放苗密度,要根据养殖管理水平、设计的收获产量和蟹苗的大小来决定,如:要养 750~1 500 g/hm² 成蟹,则应当放 10~20 g/只的苗 0.9 万~1.8 万只/hm²。

水质管理:根据天气情况、水质变化等及时补水和换水,保证水质清新,溶氧充足。换水时间和次数,在 4—6 月份每隔 4 天左右换一次水,7—8 月每隔 1~2 天左右换一次水,9—10 月份每隔 3 天左右换一次水。

适时收获:现在大部分地区种植粳稻,其生育期长达 150 天左右,有的年份冷空气来临早,不等水稻成熟,稻田水温已不适宜蟹的生长了,所以,要根据当年秋季的降温情况适时收获。

15. 何谓两茬养虾

两茬养虾是指同一养殖池在一年中养殖了两次虾。虾在一定的温度条件下,能够正常生长的时期,称为虾的可养殖期,亦可称为虾的生长季;在可养殖期内气候条件对虾的生长发育比较有利的时段,称为虾的有利养殖时段。以江苏沿海养殖中国对虾为例:虾池内水温稳定在 16 ℃以上(西部邻近气象台站的气温稳定在 14 ℃以上)的时期为对虾的可养殖期,日平均气温稳定在 30 ℃以上的时段为对虾养殖的高温不适时段,一般出现在 7 月下旬,持续时间为 8 天左右。正是由于这个不适阶段的存在,从而将整个可养殖期分为前后两个有利养殖时段,即 4 月下旬到 7 月中旬和 8 月上旬到 10 月中旬。两茬养虾的头茬虾在早春利用塑料大棚培养大规格虾苗,4 月底 5 月初放苗到养成池饲养,于 7 月中旬起捕。第二茬虾于 5 月中旬将小虾苗放入专池进行高密度暂养,当第一茬虾起捕后,立即将暂养虾苗转放到养成池饲养,10 月中旬收获。

16. 如何充分利用气象条件科学养殖龙虾

(1)龙虾的养殖品种主要有哪些

近几年,许多地方举办了龙虾节(如:江苏盱眙),将龙虾全方位推向了消费者,造成龙虾供不应求的局面,大面积养殖龙虾成了社会的热点话题。全世界共有龙虾 400 多种,北美洲大陆有 300 多种。在所有养殖龙虾品种中,克氏原螯虾产量占总龙虾产量的约 70%～80%。我国仅有克氏原螯虾、东北螯虾、史氏拟螯虾和朝鲜螯虾四个品种,分布范围很小,为了提高龙虾产量和品质,我国于 20 世纪 90 年代引进了澳洲淡水龙虾(红螯螯虾),该虾个头大、出肉率高、食性杂、生长快、产量高,可以在全国各地大面积养殖。

(2)什么样的养殖池适宜养殖龙虾

养殖龙虾池的建设必须针对龙虾的自身特点进行。因为龙虾喜欢在浅水中活动,所以,适宜养殖龙虾的水深一般为 1～1.5 m。龙虾喜欢打洞,善于攀附爬逃,因此,养殖池塘四周要用竹片、网纱等围起高 0.5 m 的防逃墙;养殖池中要设置龙虾栖息场所,在塘底设置砖块、石块及竹筒等隐蔽物体供其栖息穴居和防御敌害。龙虾喜阴怕光,池内四周要种植茭白、水葫芦、水浮莲、水草等用以遮阴和繁殖龙虾喜欢吃的浮游生物,一般水面覆盖面积以达到池塘的 1/3 左右为宜。为了方便管理,养殖水面以 0.05～0.1 hm² 亩为宜。要建立起完善的排、进水系统和增氧系统,确保能根据养殖需要适时控制水质。

(3)龙虾放苗要注意什么问题

龙虾幼苗对环境条件,特别是水温非常敏感,所以,放苗时要尽量做到:放苗前要对池子进行整理、消毒,确保无病毒、无敌害等。苗池水温与养成池水温的差异要小,如果差异超过 3 ℃,应通过逐渐升降温的办法让虾苗适应新的环境温度。放苗前要收听收看当地气象台站的中长期天气预报,将具体放苗时间选择在水温稳定通过 18 ℃之后的一个冷尾暖头的晴好天气的早晨或傍晚。放养密度由生产能力和管理水平和水深决定,一般的精养池放养密度以 1.5～3.5 cm长的虾苗 9 万～14 万尾/hm² 或 3～5 cm 长的幼虾 6 万～10 万尾/hm² 为宜。

(4)龙虾养成期管理要注意什么

投饵是龙虾养成中的一项重要工作,它直接决定虾子的生长速度和生产成本。一般精养池要分多次投饵,投饵量以没有或少有残饵为原则。饵料品种以新鲜的小杂鱼和螺肉等为宜,也可以投喂麦麸、豆粕、青菜等或配合饲料。在人工投饵的同时要重视自然饲料的人工培育工作,提高自然鲜活饲料比例,不但可以降低饲料成本,还能改善水质。一定要根据天气对龙虾的影响进行投饵,如温度高、天气好、龙虾活动旺盛时要多投饵,反之则要少投。

养殖龙虾的关键技术是人工模拟龙虾的自然生活环境,模拟的环境与自然环境越接近,龙虾生长越快,越健壮。水质是决定养殖成败的关键,要根据天气调控水体,确保池水不外溢和突变;经常注换新水,保持水质新鲜、洁爽,水温稳定,池中水体不缺氧。适宜养殖龙虾生长的环境水温为 20～32 ℃，最适宜为 24～30 ℃，低于 15 ℃ 会引起死亡，昼夜温差超过5 ℃ 也会死亡。当根据气象台站预报的温度（气温）计算出的水温低于或高于上述温度时要立即加大水体，通过加大水体来调节水温。龙虾适宜生长的水体 pH 为 5.8～9.0，最适宜为 7.0～8.5。当发现 pH 有问题时要及时向养殖池中添加新水并排旧水，通过换水来改善水质。龙虾虽然适应性很强，可以生活在污水中，但人工养殖时由于密度过大，所以以溶氧量 3 mg/L 以上最佳。养殖池中要备有增氧设备，当发现溶氧量偏低时要立即开启增氧设备增氧。当出现高温闷热、连阴天、强对流等天气时要加强巡塘，严防水质突变，当发现有浮头时，说明池中缺氧要立即注入新水或开机增氧，及时调控水质。

龙虾是底栖甲壳动物，可以分析养殖时不同层的水温，选择适宜养殖的中上层滤食性鱼类进行混养，这样通过生物链的作用，改善龙虾的生长环境，如：放养鲢鱼，一般在龙虾放养 1 个月左右时放养 50～200 g/尾的花白鲢 1 500～2 250 尾/hm² 为宜。

17. 如何充分利用气象条件科学养殖太湖白虾

（1）何谓太湖白虾

白虾是十足目长臂虾科白虾属甲壳动物的统称，因甲壳较薄、色素细胞少、平时身体透明、死后肉呈白色而得名。已知的六个品种中，在中国有脊尾白虾、秀丽白虾、安氏白虾和东方白虾 4 种，皆为重要的养殖经济虾类。白虾主要生活在温暖海域，只有少数生活在纯淡水的江河、湖泊中。脊尾白虾产量最大，其次是秀丽白虾。秀丽白虾是我国长江中下游地区大中型湖泊虾类的优势品种，产量约占这些水域虾类的

50％～80％,"太湖三白"(太湖银鱼、太湖白鱼、太湖白虾)中的太湖白虾就是它,成为特色水产品,养殖的经济效益明显。

(2)养殖太湖白虾需要什么样的环境条件

太湖流域位于北亚热带湿润的季风气候区内,四季分明,光照充足,热量丰富,气候湿润,太湖白虾生长繁育在这种气候条件下,通过多代自然繁育选择已完全适应了当地的气候条件,所以养殖太湖白虾以太湖流域为适宜区域。太湖白虾在水温 2～35 ℃范围内均能成活,最佳养殖水温为 18～23 ℃,适宜养殖的 pH 为 6.5～8.5,适宜的水体溶解氧为5.4～6.0 mg/L。

(3)养殖太湖白虾要注意什么问题

养殖太湖白虾要特别注意四个方面的工作,一是虾池准备,一般选择面积为 0.2～0.7 hm²,池水水深为 1～1.5 m,且排灌方便、水源充足、能保证随时换水的池子进行养殖。养殖前要对养殖虾池按标准进行严格消毒。进、出水口要建有防逃和防敌害网。二是放苗,放苗时要特别注意苗池水温与养成池水温的差异不要超过 3 ℃,否则,要通过暂养等办法让虾苗适应新的环境温度后再放苗。养殖密度要根据具体养殖池的水质条件、换水能力、当地养殖期间气候条件,特别是灾害性天气情况和养殖管理技术水平等综合决定,一般春夏养殖,以放养 110 万～160 万尾/hm² 为宜,秋季养殖,以放养 130万～180 万尾/hm² 为宜。放苗时间最好选择在晴天微风的傍晚前后进行。三是投饵,太湖白虾食性杂,通常以水底小型动物、植物或有机物碎屑为食,但在饥饿时也会自相残食,造成池中虾的数量锐减而严重影响产量,所以,投饵量一定要足,每天的具体投饵量要根据当地气象台站预报的天气进行调整,阴雨、低气压等天气要少投,晴好天气等要多投。人工投喂饲料以螺、蚬、蚌类肉,菜类,豆饼,麸皮,米糠及配合饲料等为宜,在人工投喂的同时一定要积极培育水中浮游动植物、昆虫幼体等天然饲料。具体投饵时间要根据太湖白虾主要在夜间摄食的特点,白天少量投喂,重点在傍晚和深夜投喂。四是水质控制,在养殖期间要及时根据天气情况进行换水,如高温天气要勤换水等,保持水质相对稳定,水中溶解氧达3 mg/L以上,使池水始终处于"肥、活、爽、嫩"状态。

18. 如何充分利用气象条件科学养殖罗氏沼虾

(1)养殖罗氏沼虾需要什么样的环境条件

罗氏沼虾是一种淡水大虾,素有"淡水虾王"之称,亦称白脚虾、马来西亚大虾、金钱虾、万氏对虾等。原产于印度和太平洋地区,生活在各种类型的淡水或咸淡水交界水域,尤其在河口地带分布较多。罗氏沼虾壳薄体肥,肉质鲜嫩,味道鲜美,营养丰富,除富有一般淡水虾类的风味之外,成熟的罗氏沼虾头胸甲内充满了生殖腺,具有近似于蟹黄的特殊鲜美之味的特点,是目前世界上养殖量最高的三大虾种之一。罗氏沼虾主要优点是食谱广,生长速度快。罗氏沼虾适宜生长的下限水温为 14 ℃,上限水温为 38 ℃,最适宜生长的水温为25～30 ℃。罗氏沼虾喜欢弱碱性水域,适宜的 pH 范围为 7～8。罗氏沼虾对水体溶解氧要求较高,一般要求水体中的溶解氧不低于 3 mg/L,最好在 5 mg/L 以上。罗氏沼虾在连续阴天、天气闷热、气压低、水中含氧量低时易产生浮头现象。

(2)养殖罗氏沼虾的关键环节有哪些

池塘条件:池塘面积以 0.3～0.7 hm² 为宜,呈长方形东西走向,水深保持在 1.0～1.5 m 比较适宜。池塘的坡比以1∶2.5为宜,池底最好是保水力强的泥沙底,并且要求平坦、向排水口一侧略有倾斜。虾池的建设规模可视经济状况、养虾数量、饲养管理水平以及场地自然条件决定。池塘要建在水质良好、水源充足的江河、湖泊、水库等旁边,并且要排灌方便。塘边或池底可种些水生植物,如轮叶黑藻等,供虾隐蔽栖息和遮阴,也可以人工投放一些塑料管、砖块、石块、竹枝等作为隐蔽物。

放苗:放苗前要对池塘进行彻底清塘、消毒。选择水温稳定在 18 ℃以上的天气晴好、微风的上午或傍晚。放苗时要特别注意苗池水温与养成池水温的差异要小,差异如果超过3 ℃,应通过逐渐升降温的办法让虾苗适应新的环境温度。放养密度由管理水平、水深和养殖期间的气候条件决定,一般放养长 3.0 cm 左右的幼虾 1 200～1 500 尾/hm²。若直接放养淡化苗,放养密度以 22 万～27 万尾/hm² 为宜。

投饵:投饵是养成中的一项重要工作,它直接决定虾子的生长好坏和产量高低。罗氏沼虾不耐饥饿,投饵要定时定量,并以少量多次为佳,投饵量以没有或少有残饵为原则。罗氏沼虾的食性杂、食谱广,植物性饵料如浮萍、米糠、豆饼、麦麸、花生粕等,动物性饵料包括鱼、贝类、蚯蚓、蝇蛆和蚕蛹等,也可投喂配合颗粒饵料。每天的具体投喂量要根据当时的天气条件、生长量等确定,一般生长快、好天要多投,生长慢、天气差要少投。

水质管理:水质是决定养殖成败的关键。罗氏沼虾新陈代谢旺盛,要根据天气调控水体,夏季灾害性天气来临前要增加巡池次数,当发现有浮头预兆时,要立即注入新水,并开机增氧,也可投放增氧剂等化学增氧药品等,确保池水新鲜、洁爽,水温相对稳定,池中水体不缺氧。

混养:罗氏沼虾成虾多栖息于池塘底部,可搭配以浮游生物为食的鱼类,改善罗氏沼虾的生长环境,以放养鲢鱼、鳙鱼为宜。一般搭配规格 50～100 g/尾的鲢鳙鱼种以 2 250～3 000 尾/hm² 为宜。

19. 目前我国沿海养殖的对虾品种主要有哪些

目前我国养殖的对虾品种主要有:中国对虾、南美白对虾、斑节对虾、长毛对虾、日本对虾、墨节对虾(竹节虾)、刀额新对虾、短沟对虾和宽沟对虾等。其中中国对虾是我国北方养殖的主要种类,其他种类我国南方均有养殖。从世界养虾业来看,无论生产规模和技术水平,我国对虾养殖均居世界各国之首。

20. 如何根据温度计算中国对虾的生长速度

(1)根据温度计算中国对虾育苗所需时间

中国对虾幼体各发育阶段的上、下限温度由表1可知。

表 1　中国对虾幼体各发育阶段的上、下限温度

发育阶段	卵孵化期	无节幼体期	蚤状幼体期	糠虾幼体期	仔虾期
发育所需时间(d)	N_1	N_2	N_3	N_4	N_5
上限温度(℃)	22.0	22.0	25.0	26.0	27.0
下限温度(℃)	7.0	15.0	16.0	18.0	19.0

设某生育阶段的平均水温为 $\overline{T}$,则有:

$$N_1 = \frac{13.5}{\overline{T} - 7.0}$$

$$N_2 = \frac{1}{e^{1.500\,5}(\overline{T} - 15.0)^{0.191\,62}(22.0 - \overline{T})^{-0.305\,35}}$$

$$N_3 = \frac{1}{e^{-1.388\,15}(\overline{T}-16.0)^{0.210\,44}(25.0-\overline{T})^{-0.531\,22}}$$

$$N_4 = \frac{1}{e^{-2.980\,35}(\overline{T}-18.0)^{0.936\,32}(26.0-\overline{T})^{0.013\,76}}$$

$$N_5 = \frac{1}{e^{-1.697\,92}(\overline{T}-19.0)^{0.359\,74}(27.0-\overline{T})^{0.013\,18}}$$

(2)水温对中国对虾生长速度影响有多大

设中国对虾旬体长为 YL(cm),受水温影响的旬体长增长量为 ΔYL_1(cm),受上一旬体长影响的旬增长量为 ΔYL_2(cm),旬体长增长量为 ΔYL(cm),旬平均水温为 $\overline{T}_{旬}$(℃),则有:

$\Delta YL_1 = 1.620\,08 - 0.030\,93(\overline{T}_{旬}-23.313\,77)^2$

$\Delta YL_2 = e^{-0.787\,83} + 0.398\,81 YL$,当 $YL \leqslant 3.0$

$\Delta YL_2 = 0.2 + 8.247\,361 YL - 1.410\,78 YL^{-1.410\,78}$,当 $YL > 3.0$

$\Delta YL = -0.611\,008 + 0.456\,11 \Delta YL_1 + 0.937\,58 \Delta YL_2$

由上式计算得出,水温 23.0 ℃左右对对虾生长最有利,水温高于 30.5 ℃或低于 16.0 ℃时对其生长不利。据此,水温稳定通过 16.0 ℃的初、终日期间为对虾的可养殖期,适宜生长期为水温稳定在 16~30.5 ℃之间。

21. 什么样的天气对中国对虾育幼苗放养有利

水温在 14.0~17.0 ℃范围内,随着放苗水温的升高,对虾幼苗成活率和生长速度快速上升,当水温达 16.0 ℃时已达到理想状态的 92%,此后,放苗水温升高对提高效益的作用已很小,而 15.0 ℃时仅为理想状态的 54.1%,所以 60 cm 深的日均水温稳定通过 16.0 ℃的初日为适宜放苗开始期的水温指标。水温低,放苗早,会和农作物早播一样形成僵苗不发,还时常遇到倒春寒天气等的危害,因此,选择冷尾暖头的晴好天气放苗比较适宜。综上分析,虾池 60 cm 深的日平均水温稳定通过 16 ℃的初日以后的微风晴好天气,放苗后 7 天内无 3 天以上的低温连阴雨天气,为中国对虾育幼苗放养的有利条件。

22. 什么样的气象条件会造成中国对虾浮头、泛塘

使中国对虾浮头、泛塘的天气类型主要有四种:①闷热天气型。连续两天日最高气温大于 30.0 ℃,20 时风速小于等于 3.0 m/s,20 时气温大于 27.0 ℃,气压小于 1 003.5 hPa;或者连续两天日最高气温大于 30.0 ℃,20 时风速小于等于 3.0 m/s,20 时气温大于 25.0 ℃,日最低气压小于 1 000.0 hPa。②大雾天气型。连续两天大雾,且气压小于 1 000.0 hPa。③台风天气型。主要影响表现为强降水、大风影响和管理措施不当三个方面。正常情况下,风力 5 级就略有影响,6 级后影响逐渐增大,8 级以上则为灾害性天气,危害程度与影响时间长短成正比。④强降水天气型。降水强度为 $R/t \geqslant 2.0$(且 $R > 30.0$ mm),式中 R 为连续降水量(单位:mm),t 为降水时间(单位:h)。

23. 如何充分利用气候资源科学安排中国对虾越冬

设亲虾交尾率为 YJ(单位:%),养殖池日平均水温为 $\overline{T}_日$,其间关系为:

$$YJ = 11.2 - 0.498(\overline{T}_日 - 17.752)^2$$

由此式计算知,当 $\overline{T}_日 \leqslant 13.0$ ℃或 $\overline{T}_日 > 22.0$ ℃时雌雄虾已不交尾,亲虾宜在交尾活动结束以后入室,故可将水温

13.0 ℃作为适宜入室的最早温度指标。要使亲虾入室后不蜕皮或少蜕皮,关键在于水温的控制。水温低于13.0 ℃时蜕皮现象明显减少,直到水温低于9.8 ℃时才无蜕皮现象发生,所以,认定水温小于等于10.0 ℃为对虾不再发生蜕皮现象的指标;从保证入室后不因蜕皮而影响种虾质量和保种效益讲,亲虾入室宜在水温下降到10.0 ℃以下进行。亲虾越冬的适宜水温为8.5 ℃左右,而亲虾在起捕挑选和运输入室过程中,直接与空气接触,为使亲虾在上述过程中不受冻伤,应保证气温在8.5 ℃左右,据此,根据水气温之间的关系计算出水温为11.5 ℃。综上分析并考虑水温对各因素的影响,认为亲虾入室宜安排在外池日均水温在13.0~10.0 ℃之间进行,理想的入室水温为11.5 ℃左右。

　　亲虾在池中越冬时,温度低则摄食少,活力弱,性发育不健全,甚至死亡;温度高则不但调温能耗大,同时会使亲虾活力增强,摄食量大,排污多,污染加重,导致亲虾生病乃至死亡。设亲虾旬成活率为$YCHL$(%),旬平均水温为$\overline{T}_旬$,其间关系式为:

$$YCHL = 97.78 - 5.67(\overline{T}_旬 - 8.80)^2$$

　　对育苗单位来说,越冬成活率最大期望值也就是75%以上,旬成活率约95%左右。据此计算出相应的控温范围为8.5~9.5 ℃。不同水温与亲虾成活率及发育情况见表2。

　　由表2可见,A,B两组较为满意。但A组温度高,能耗大,污染重,病害多,故控制在8.5 ℃左右比9.0 ℃左右更为理想。根据对虾对环境要求的基本特性,越冬期间水温日间差需小于等于1.0 ℃。所以,亲虾越冬的适宜水温是8.5 ℃左右且水温日间差小于等于1.0 ℃。

表 2　不同水温与亲虾成活率及发育情况

分类	越冬期间平均水温（℃）	水温最大日间差（℃）	越冬成活率（%）	性腺发育
A	9.0	0.5	80.70	好
B	8.5	0.5	87.49	正常
C	8.0	0.4	50.00	差于 B 组

24. 如何进行中国对虾保种温室小气候调控

中国对虾保种温室小气候条件的调节包括光强、风速和温度三个方面。鉴于各地保种温室均采取黑色塑料膜覆盖的措施，可将室内光照度有效地控制在 100～200 lx 范围内，且室内几乎处于静风条件下，因而就不存在光强和风速的调控问题。当然，在投饵时还应注意尽量少开灯。为保持室内空气的新鲜，一天要通微风 10～20 分钟，但大风天气与寒冷天气不宜进行。所以，温室小气候调控的关键仅是调控水温。考虑到亲虾在室外虾池的安全性没有保障，往往在 11 月中、下旬冷空气影响前即起捕入室，这样入室初期温度偏高的几率比较大，而且越冬保种温室均无降温设备，因此，亲虾大量脱皮死亡现象屡见不鲜，其经济损失也是较大的。为此，我们于 1990 年 11 月 17 日在江苏省响水县对虾育苗一厂三幢室做了用冰降温试验，上午 10 时，关闭所有门窗，并将冰块放在人行道上，用于降低室内气温，造成减小水温上升的外部环境；到 12 时，用塑料袋将冰块封闭后放入池中（封起来的目的是防止淡化池水以及减小降温幅度）。结果，试验效果较好。经测定，放冰前水温为 15.4 ℃，放冰后 14 时观测已降至 14.9 ℃，16 时为 14.7 ℃。而未放冰的池水温度在 12 时为 15.6 ℃，14 时为 15.8 ℃，16 时为 15.9 ℃。加冰池中，对虾摄食、活动较为正常。加冰重量主要由原池水量、原池水温、需降温幅度和外界气温决定。该方法简便易行。一天中室外水温的日峰值一般出现在 14—16 时，日谷值出现在 06—08 时，所以正常宜在 14—16 时从室外进水。可根据天气预报的气温计算出水温，若当日水温比第二天高，则多进水，反之，则少进或不进。若预报近期将转暖，则少贮存水于室内，反之，则多贮存。在日常生产中必须依据换水量来确定供热时间，以达到既调控水温，保证亲虾安全越冬，又最大限度地降低能耗，增加效益之目的。

25. 预防中国对虾病毒病发生的对策有哪些

　　根据观测，江苏沿海对虾发病始期为 5 月上旬到 6 月中旬，发病高峰期集中在 5 月底 6 月初。1993 年发病始期在 6 月中旬后期，到 1998 年，5 月上旬末就开始有对虾发病了。对虾始发病前 5 天虾池水温在 18.7 ℃以上，对应西部邻近气象台站气温为 17.0 ℃，发病高峰期间虾池水温在 20.4 ℃以上。对虾始发病前 5 天日照时数的日平均值为 6.8 小时，最多的 10.9 小时，最少的 3.7 小时。发病高峰期是对虾生长相当快的时期，此时对虾蜕壳次数多，体质相对较弱，是最容易感染病菌的阶段。因此，在对虾生长高峰期间的合理投喂、科学管理、适时防病显得极为重要。目前，对于对虾病毒病发病前的预防主要从三个方面考虑。

　　(1)采取多种措施，增强对虾自身的抗病能力：在育苗过程中，尽量用健壮的雌虾，并且控制产卵量，中、后期产的弱卵尽量不用，以孵化喂育出壮苗。在幼苗培养过程中，要培养壮苗，除去弱苗，确保放养的虾苗体壮健康。投喂的饵料要保证质量，最好在养殖池中培育天然、活性饵料，以增强对虾幼体的营养水平。在进入生长高峰期,不但饵料要好,还要合理地投喂一些防病药物,以提高对虾的防病能力。

(2)净化环境,减少病原体侵入的机会:对虾蜕壳时,体质弱,若环境条件差,例如池底污染物多、污染重,则可能引发对虾多种疾病。对此,可以在养殖前彻底对虾池清污消毒,在养殖过程中合理投喂,减少残饵。可合理进行混养,利用生物清污等方法减少池底污染。养好一茬虾关键是管好一塘水。水质是影响对虾生理健康的重要因素之一。所以要保持水质清新,尽量多换水、勤换水,并且要保证换的是水质好、无病原体的水。这可以通过封闭式或半封闭式养殖形式来实现。为了防止病原随饵料传播的可能,应尽量投喂远离发病区、无污染的新鲜饵料和人工配合饲料。

(3)进行两茬养殖,避开发病高峰期:为避开发病期,两茬养虾的头茬虾宜在 2 月 7 日左右开始育苗放养,在可能发病时间之前收获,如:江苏沿海中部头茬虾到 5 月 15 日之前应全部收获完毕,收获的头茬虾规格约为 7 cm 左右;第二茬应在发病高峰期之后,即 6 月上旬中期放苗为宜。

26. 如何充分利用气象条件科学养殖南美白对虾

(1)南美白对虾生长需要什么样的环境条件

南美白对虾,学名凡纳对虾,是世界上养殖虾类产量最高的三大种类之一,为热带虾种,养殖适宜水温为 23～32 ℃,在逐渐升温的情况下,可忍受 43.5 ℃ 的高温,但对低温的适应性一般,18 ℃ 时即停止摄食,9 ℃ 时开始出现死亡,因此,一般水温 20 ℃ 开始放苗养殖。南美白对虾对盐度的适应能力很强,其盐度适应范围为 5‰～45‰,最适盐度范围为 10‰～25‰。在逐渐淡化的情况下,也可在盐度为 0‰～2‰ 的淡水中正常生长。南美白对虾对 pH 的适应范围为 7.3～8.6,最适 pH 为 8.0±0.3,pH 低于 7 时,南美白对虾的活力下降。南美白对虾抗低氧的能力突出,它可忍耐的最低溶解氧为 1.2 mg/L。在养殖过程中要求水体溶解氧大于 4.0 mg/L,不得少于 2.0 mg/L。化学耗氧量一般为 5～30 mg/L;透明度为 0.4～0.9 m,过大或过小都不太好;要求水色以绿色或红棕色为佳;要求的水体营养盐中磷酸盐为 0.1～0.3 mg/L,硅酸盐为 2.0 mg/L,氨氮含量小于 0.4 mg/L。

(2)养殖南美白对虾的关键措施有哪些

放养:应当选择水温稳定在 20 ℃以上开始放养,密度一般以规格 1.0～1.5 cm 的幼苗 50 万～60 万/hm² 为宜。最好在冷尾暖头的微风晴好天气的下午或傍晚从上风方缓慢放入水中。

科学投喂:要保证饲料优质新鲜,根据生长动态和天气情况确定每天的投饵量,日投饵量一般掌握在对虾体重的 3%～5%,要按次多量少的原则进行喂养。

保持水质清新:必须明白"养虾就是养水"的道理,科学投喂,减少残渣,提高水质,及时对水体消毒,在饲料中定期添加维生素 C、免疫多糖等,提高对虾的免疫力。每隔 5～7 天换水一次,每隔 15～20 天施用一次光合细菌或 EM 原露,以改良底质和净化水质。遇有恶劣天气,如暴雨、台风等要及时根据需要添加水或降低水位,进行增氧等降低灾害性天气对水质的影响程度,尽量保证水质不变。

27. 如何充分利用气象条件科学养殖日本对虾

(1)养殖日本对虾需要什么样的环境条件

日本对虾,俗名花尾虾、斑竹虾、车虾等。主要分布在日本北海道以南、中国沿海、东南亚、澳大利亚北部、非洲东部及红海等地。最适宜养殖温度为 20～28 ℃,高于 32 ℃对其生长不利,低于 10 ℃停止摄食,耐受最低极限水温为 5 ℃。适宜盐度为 11.7‰～26.1‰,最低不得低于 9.0‰,低比重的渗透压下,虾机体代谢受阻易造成蜕壳困难而导致死亡。

(2)养殖日本对虾的关键技术有哪些

放苗:选择水温稳定在 13 ℃以上的晴天微风日子,在上风方放苗,育苗池盐度和虾池盐度差不大于 3‰,水温差不大于 2 ℃,如果达不到要求,要组织暂养,让虾苗完全适应了养殖环境后再放苗。一般放养体长为 1.0～1.2 cm 的幼苗以 35 万～55 万尾/hm² 为宜。

投饵:日本对虾主要在傍晚、夜间、凌晨活动摄食,以散居为主,因此,投喂时间主要在傍晚、夜间和凌晨,傍晚投放量占总投饵量的约 40%～50%,夜间和凌晨各投喂总量的约 25%～30%。虾体重为 1～5 g 时每日投饵量约占其体重的 7%～10%;体重为 5～10 g 时日投饵量约占其体重的 4%～7%;体重为 10～20 g 时日投饵量约占其体重的 3%～4%。饲料中蛋白质含量最好在 50%以上。每天投喂的具体次数、时间和数量一定要根据当时的天气确定,一般天气引起的浪大时要少投甚至不投,天气恶劣时一定要减少投饵次数和量,天气条件好、生长快时要增加投饵次数和数量。

水质管理:养殖初期以不断向养殖池中加水为主,一般每隔 3～4 天加 10～20 cm 的新鲜海水为宜。养殖中后期以换水为主,视水体污染、天气情况来确定换水量,灾害性天气来临前要提前换上新鲜海水,排除底层污水,控制水色为一类比较有利于抵抗灾害性天气的影响。

病害防治:日本对虾养殖期间的病害有 10 多种,最常见的有白斑病、弧菌病、镰刀菌病等,其发病一般都与天气、水质、虾子体质有关,所以,主要对策是采取必要的措施降低灾害性天气对水质的影响,平时管理中要注意改善水质和提高对虾的免疫能力。

28. 如何充分利用气象条件科学养殖斑节对虾

(1)养殖斑节对虾对环境条件有何要求

斑节对虾,俗称鬼虾、草虾、花虾、竹节虾、斑节虾、牛形对虾等,联合国粮农组织通称大虾,是对虾中个体最大的种类。该虾具有食性杂、适盐范围广、生长快、抗病力强、养殖周期短、个体大、产量高等优点。分布区域甚广,由日本南部、韩国、我国沿海、菲律宾、印度尼西亚、澳大利亚、泰国、印度至非洲东部沿岸均有分布。我国沿海每年有 2—4 月份和 8—11 月份两个产卵期。斑节对虾雄虾寿命一般为一年半,雌虾寿命大约两年,为当前世界上三大养殖虾类中养殖面积和产量最大的对虾养殖品种。斑节对虾喜栖息于沙泥或泥沙底质,一般白天潜底不动,傍晚食欲最强,开始频繁的觅食活动。养殖适应盐度为 5‰～25‰,在 10‰左右生长最快。适应水温为 14～34 ℃,适宜水温为 25～30 ℃,水温低于 18 ℃时停止摄食,只要水温低于 12 ℃就会死亡。

(2)斑节对虾养殖技术有哪些

放苗:斑节对虾对水温要求高,可以在养殖大池中建立一个暂养池,池上加盖塑料薄膜,以提高温度,待大池水温稳定通过 18.0 ℃后,通过加水溢出向全池扩散进行养殖,这样能延长可养殖期,提高养殖规格,提高产量和效益。

投喂:斑节对虾食性杂而略偏向植物性,所以,在放苗时间的 10 天之前要向养殖池中施肥,以长效的有机肥较好,尽可能多地培养天然饲料,让其早期摄食天然食物硅藻、绿藻及各种小型动物或其尸体等,并补充人工投喂花生麸、米糠、豆饼等。随着生长发育进程的进展,人工投喂量要不断增加。正常天气条件下一天投喂 4 次,投喂量以早晨、黄昏较多,中午和夜间可适当少投。特殊天气,如低气压、浓雾、大风、暴雨等要减少投喂次数和数量。

水质管理:在养殖过程中要时刻注意水质的变化,根据天气、水色变化、透明度、虾外壳及鳃部的清洁度和底质的污染程度来决定换水量和换水时间。若天气晴好、水色一类、虾外壳及鳃部的清洁度好和底质污染轻则每隔 5 天左右换水 20%,采用上闸进水、同时下闸排水的方法,先开启下闸门是上闸门的 20%左右,等底层污物冲刷、集中到下闸门,虾子追逐清水集中到上闸门附近时突然提高下闸门的开放量,将底层污水全部排出。

病害防治:由于在我国沿海,养殖各类对虾历史长,养殖规模大,因而养殖病害也相当多,区域性发病现象时有发生,如:1993 年对虾病毒性流行病在全国沿海持续发生,其传播速度之快、死亡率之高实属罕见,几乎使对虾养殖业濒临绝迹。就斑节对虾养殖病害而言,主要有:①斑节对虾杆状病毒病(PCBV 病)、传染性皮下造血组织坏死病。②细菌性虾病,如红肢病(红腿病)、烂眼病、烂鳃病、褐斑病(甲壳溃疡病)、丝状细菌病、白黑斑病。③真菌性虾病,如白斑病。④原虫病,如微孢子虫病、固着类纤毛虫病、拟阿脑虫病、吸管虫病。⑤非寄生性虾病,如肌肉坏死病、痉挛病、软壳病、黑鳃病等。主要应对策略有:①所有对虾的病毒病至今都没有有效的治疗方法,主要以预防为主,预防的核心是提高其自身的抵抗力和防传染。②红腿病(红肢病)治疗方法:氟哌酸 0.05% 或呋喃唑酮 0.1%～0.15% 或氯霉素 0.1% 或土霉素 0.2% 混入饲料中,制成药饵,连续投喂 5 天;大蒜按饲料重量的 1%～2%,去皮捣烂,加入少量清水搅匀,拌入配合饲料中,待药液完全被吸入以后,即可投喂,连续 3～5 天;在口服上述药物的同时,可用漂粉精 0.3～0.5 ppm* 或三氯异氰尿酸 0.2 ppm 或漂白粉 1～2 ppm 全池泼洒,效果更好。③固着类纤毛虫病,在养成期这类病的病原主要是聚缩虫,故又称聚缩虫病,发生聚缩虫病时一般采用大量换水的办法解决或用茶粕全池泼洒,使池水成 10～15 ppm 的浓度。

29. 如何充分利用气象条件科学养殖刀额新对虾

(1)养殖刀额新对虾需要什么样的环境条件

刀额新对虾俗称基围虾(又称沙虾)。在自然环境中主要生活在近岸浅海沙泥底海区,傍晚捕食,主要在夜间活动,白天正常潜伏于底质中,仅露出两眼和触须。对环境的适应能力强,可以生活在咸、淡水中,适应盐度为 0～35‰,适应水温为 10～37 ℃,适宜水温为 17～32 ℃,在 pH 为 7.0～9.0 的水中都能正常生活,与其他养殖虾类比具有更强的忍受低溶氧能力,所以,非常适合在我国南方沿海滩涂养殖。

(2)养殖刀额新对虾的主要技术是什么

刀额新对虾对环境适应能力强,海、淡水均可养殖,与其他养殖虾品种比具有生长快、食性广、病害少、养殖成功率高等特点。该虾为杂食偏动物性饵料食性,在规模养殖时必须

---

* 表示某成分的质量或体积分数为 10^{-6},下同。

以人工饲料为主,培养自然饵料为辅。在养殖周期为 100～120 天时,虾体长可达 8～10 cm。具体关键养殖技术如下:

池塘准备:养殖池要选择水源充足、排灌方便、水质清新无污染的池塘。对养殖池要在虾苗放养 20 天前,清除池边杂草和池中敌害生物。用生石灰 1 500～2 250 kg/hm² 化浆后进行全池泼洒或 150～225 kg/hm² 漂白粉全池泼洒消毒,用漂白粉清池塘底时需留 20～30 cm 水。在放养 7～10 天前,开始培养桡足类及轮虫等浮游动物作为自然饲料。通常采用投放腐熟发酵过的有机肥(主要是畜禽粪)2 250 kg/hm²,将水加深到0.5 m左右。

放养:将工厂化生产的刀额新对虾苗进行淡化和温度适应性训练,将育苗室的盐度和温度与养殖池比较并计算其差值,将差值分成多份(每一份为训练的一天),掌握的原则是环境不能突变只能渐变。完成训练后,根据当地气象台站的中长期预报选择水温稳定通过 17.0 ℃ 的微风晴好天气的傍晚,将虾苗放入在虾池的一角挖好的小型暂养池(面积约占虾塘面积的 3%～5%)中进行密集强化培育 15～20 天,可以在晚上或冷空气来临时盖上塑料薄膜保温,防止春季温度不稳及冷空气影响频繁而引起水温突降引发的死苗现象发生。等到虾苗平均体长达到 1.0～1.5 cm 左右时,这时气温相对稳定,可以向池中加水,通过溢水让虾苗自然分散至全塘。通过这种暂养的虾苗完全适应了养殖池和外界自然环境,生长速度快、抗病能力强。

喂养:养殖初期主要以塘中浮游生物为饵料或辅以少量的细微颗粒饲料。随着虾体增大,个体摄食量会大增,要及时检查摄食情况,加大投饵量,为了节约成本和保持水质,尽量做到不剩残食。饲料品种可以以人工配合饲料为主,辅投淡水贝类、杂鱼等。投饵量和投饵时间要根据天气和水质等情况灵活掌握,根据虾以夜晚活动为主的特点,晚上投喂量占日投饵总量的 60%左右,水温在 20～30 ℃的晴好天气虾摄食旺盛时,应多投喂饲料,反之,春季冷空气降温等情况下,要少投饵料。

水质管理:平时要加强巡塘,尤其灾害性天气期间,勤换水以改善水质,整个养殖期间保证水质清新,控制水色在一类为宜。要配备增氧机,确保溶解氧不低于 4 mg/L。

30. 如何充分利用气象条件科学养殖青虾

(1)养殖青虾需要什么样的环境条件

青虾学名日本沼虾,因体色通常呈青蓝色并有棕绿色斑纹而得名,又称河虾、沼虾,仅产于我国和日本。青虾体粗短,偏扁,体色随着栖息环境变化而略有改变。青虾具有广盐性,可生活于淡水和低盐度河口水域。喜集群于水草丛生、水流缓慢的近岸水域。主要栖息于江河、湖泊、池塘、沟渠沿岸浅水区或水草丛生的缓流中。在我国江苏、上海、浙江、福建、江西、广东、湖南、湖北、四川、河北、河南、山东等地的淡水湖、河、池、沼中均盛产,以河北省白洋淀、江苏太湖、山东微山湖出产的青虾最著名。一般夏秋季在沿岸浅水处摄食及活动,冬春季移动到较深的水域自然越冬,适宜养殖的水温和水深范围较广,水温14 ℃左右时开始摄食。青虾的繁殖季节在每年的 4—8 月份,以 6—7 月份为盛期,当水温达到 18 ℃以上时,便开始产卵繁殖,最适宜繁殖水温为 22～27 ℃,一般每尾亲虾每个繁殖季节可产卵 2～3 次,一次 1 000～2 500 粒,卵附着于腹肢上孵化,一般约 20～25 天孵出蚤状幼体。青虾食性广,但以动物性食物为主。

(2)稻田养殖青虾的主要技术方法有哪些

稻田处理：在稻田四周或中间开挖宽深为 0.4 m×0.5 m 左右的养虾沟,沟的条数要根据田块大小来决定。长度由田块大小来决定,以离田埂 2 m 左右为宜。对田埂需要加高加宽,在进出水口处加防逃网,以防青虾逃跑。在养殖沟中要投放水草、树枝、树叶等,建立青虾的活动场所,同时在天敌侵袭时方便逃跑。放苗前,要清除黄鳝、蚂蟥、水蜈蚣等养殖青虾的害虫,可用 450 kg/hm² 左右生石灰,溶化后遍洒田中,进行消毒和清除敌害。

虾苗培育：稻田插秧后,将从湖泊、河道、水库或池塘等处收集起来的待孵青虾直接投放到稻田的养殖沟中,按 45～60 kg/hm² 的标准,让其自然繁殖生长。也可在养殖沟中设网栏养待孵青虾,将种虾放入栏网中,这样孵化出来的幼体青虾就会自动从网目中钻出来,避免幼苗被种虾吞食,提高孵化成功率。

喂养：幼青虾发育较慢,一般日投饵量为虾体重量的 3%～4%,每天傍晚沿沟投喂一次即可,幼青虾的饵料以米糠、豆饼、菜饼、酒糟、蚯蚓、蚕蛹、螺蚌等粉碎品为主;幼青虾长到成体青虾后,日投饵量增加到为虾体重量的 5%～8%,以蛤肉、蚌肉、蚯蚓、蚕蛹等饲料为佳。

水质管理：水质管理的关键是防夏季高温、农药污染和残饵发酵导致水质变坏以及大雨田水外溢而导致虾子逃跑。主要措施是放养密度不宜过高,藻类饲料也不宜投得过多,以防田水缺氧。计划喷药和施肥的前一天晚上,将青虾诱到进水口处的虾坑中,并切断虾坑中水源与田中的沟通,第二天方可喷药和施肥,不可用长效药,要使用低毒、污染性小的药物。夏季要加强巡塘,当发现出现缺氧等情况时应马上补充新鲜水,增加稻田水中氧气和降低污染浓度。

及时捕捞:捕捞时间最好掌握在种虾产卵完毕后,自然死亡之前这一段时间内,体长 3~4 cm 为宜,并留下一部分作为次年繁殖用的亲虾。

(3)池塘养殖青虾的主要技术方法有哪些

池塘准备:养虾池要选择紧靠水质清新且无污染的水源,进排水方便的塘口。单池面积以 0.2~0.4 hm² 为宜,水深 1~1.5 m。将池子改造成坡度较大、有较大的浅水滩、池底淤泥层厚度不超过 5 cm 为宜。在池中要种植约占养殖池总面积 1/4 左右的水生植物,一方面提高青虾的活动空间,另一方面夏季可遮阳起到降温作用。水生植物碎屑和草丛中易滋生底栖动物,如摇蚊幼虫、水蚯蚓等,是青虾的天然鲜活饲料,水生植物还是青虾栖息、蜕皮和逃避敌害的好场所。在虾池浅水区可种植苦草、轮叶黑藻和马来眼子菜等一些沉水植物,在深水区可种植水葫芦、浮萍等水面植物。

投饵:为了提高饲料的利用率,减少水质污染,根据青虾比较喜欢吃蚕蛹粉、螺蛳肉、鱼粉等动物性饵料和比较爱吃米糠、麸皮、豆饼、酒糟等植物性饵料的特点,将动物性饵料与植物性饵料按 4∶6 的比例混合磨成糜状,制成在水中稳定性较好的颗粒饲料进行投喂。根据青虾的活动特点,投饵时间应在早上和黄昏各一次。每次的投饵量要根据青虾的摄食、水质、天气等情况灵活掌握,适时调整,以青虾吃饱为原则。

水质管理:当池水中溶解氧为 5 mg/L 时,青虾新陈代谢旺盛,摄食量大,生长快;当池水中溶解氧低于2.55 mg/L时,青虾基本停止摄食,并有浮头现象发生。青虾对许多农药特别敏感,因此,要加强巡塘力度,在夏季雷雨来临前更要注意,防止缺氧浮头,发现异常要及时增氧,平时要勤换水,保证水色处于一类状态,达到"肥、活、爽、嫩"的要求。

(4)网箱养殖青虾的主要技术方法有哪些

水域的选择:养虾网箱设置在河道、湖泊、水库等大中水域中具有一定流速、水质清新、无污染、风浪小且水深 2 m 以上的库湾、湖汊、河道、外荡的远离主航道、环境相对安静的区域内。

网箱的制作与设置:网箱用聚乙烯网布缝制,有五面体敞口式网箱和六面体封闭式网箱之分,规格有大、中、小三种类型,大型网箱规格为 $40\sim60$ m^2,中型网箱为 $20\sim30$ m^2,小型网箱为 $1\sim10$ m^2。网箱安装成浮动式,能随水位变化而自由升降。安装方法是:用毛竹 4 根,扎成与网箱规格一致的长方形框架。在竹架四角各打直径约 5 cm 的圆孔一个,每个孔内插入一根长竹梢,将竹梢插入水中作为固定桩,将网箱安装在竹架上,装上浮子,这样,网箱就一直漂浮在水中。

养殖管理:网箱养虾与其他养殖方式最大的区别在于箱中天然饵料难以人工培育,尤其是天然鲜活自然饲料的数量无法控制。因此,科学投喂显得非常重要。要根据天气情况决定投饵时间、投饵量和投饵次数。平时要勤检查,重点检查网箱网眼是否畅通,是否破损;要勤刷洗网箱,及时消除附着在网上的泥沙、藻类等;要勤维修,保证系绳牢固,箱体完整无损。

31. 如何充分利用气象条件科学养殖河蟹

(1)河蟹适宜生长的环境条件是什么

河蟹又称毛蟹、螃蟹、淡水大闸蟹,学名为中华绒螯蟹。河蟹形体最为显眼处为两只表层长满绒毛的螯足,肢节粗大,其两侧各有 4 只步足,侧扁细长,有细毛。它的头胸甲呈方圆形,非常坚硬。在我国,河蟹种类非常丰富,据不完全统计,全国有各类河蟹 500 多个品种,又以淡水蟹产量为最,广泛分布于南北各地,现多生长于江、河、湖泊中,白天隐居和穴居,夜间出穴四处觅食。不喜欢肥水和污水,喜水质清澈、溶氧充足且水草丰盛的环境,忌缺氧。喜弱光和喜安静,怕受惊动。多食螺、蚌、鱼、虾、动物尸体的碎片及藻类、浮萍等水生植物。成蟹肉质鲜美,自古以来一直被人们奉为美味佳肴。然而,如今由于全国各地兴修水利阻断河道和水环境污染日益严重,河蟹产量大为减少,早已无法满足市场需求,而人们对河蟹的青睐又日益增加,使得河蟹的价格越来越昂贵。因此,人工围湖养殖河蟹已经成为供应市场需求的主要途径,太湖、湖泽湖、阳澄湖河蟹养殖蔚然成风,并形成了特有的知名度。河蟹在水温 10 ℃左右开始摄食,15 ℃以上蜕壳生长,最佳水温为 20～25 ℃,水温超过 30 ℃对摄食、生长、蜕壳均有抑制作用,并可能导致河蟹死亡。河蟹对盐度没有严格的要求,但在蚤状幼体变态为大眼幼体的时候,在盐度上是有讲求的,一般而言,第一期蚤状幼体需要的盐度不低于 7‰;第二期需要的盐度不低于 5‰。在养殖河蟹的过程中,换水换塘时盐度差不能大于 3‰。河蟹适应的 pH 为 7.0～9.0,最佳为 7.5～8.5。河蟹对光照要求并不高,但其胚胎发育至幼体变态阶段对光照会有一定的要求,一般为 2 200～6 500 lx。一般要求水中溶解氧不低于 5 mg/L。

(2)养殖河蟹的主要技术要点有哪些

池塘准备:在水池埂上要利用网片、木桩等圈围固定的养殖水域,为防止河蟹潜逃,一般以双层为宜,高度要高出常年平均水位 1 m 以上。要求养殖水域水质清新、阳光充足、溶氧量大。要采用人工栽培或供给的方法等为河蟹提供水草丰富、螺蚬较多、氧气充足的生长发育环境。

　　放苗:要选择规格统一、体质强壮、无伤无病、精神饱满的幼蟹。应以冬春季放养为主,具体可为每年的 12 月份和翌年 3—4 月份,严寒、结冰时节不宜放养,否则会冻伤蟹苗,影响成活率。放养密度必须考虑当地养殖期间的灾害性天气、生产管理能力等,一般 200～300 只/kg 的蟹种按 0.6 万～0.9 万只/hm² 的密度放养较为适宜。放苗前要将幼苗放入养殖池水中浸泡 1～2 分钟,再取出放置 3～5 分钟,如此反复 2～3 次,待幼蟹完全适应放养的水环境后再投放,可提高成活率。

　　养成:投饵要定时定点定量,一般每日 09 时左右和 17 时左右各投喂一次,日投饵量约占河蟹体重的 5%～7%。具体投喂量和时间要根据天气、河蟹的生长状况而定。要保持日间平均水温突变范围不超过 2～3 ℃,尤其幼苗阶段。在 pH 控制上,池塘密养河蟹时,往往会因为水生态的复杂作用,造成大量溶氧损耗,进而使水质趋向酸性,影响河蟹生长。因此,要通过经常换水的方式增加水中溶氧,使水质保持清新。当水质已经呈现酸性时,可使用适量石灰调节 pH 至微碱性。当出现溶解氧低于 2 mg/L 时,特别是夏季高温季节,对河蟹的蜕壳生长、变态会起到抑制作用,要及时增氧,确保河蟹生长不受影响。

32. 如何在冬季充分利用气象条件温室内喂养大闸蟹

　　大闸蟹在江苏苏州水域(如阳澄湖)的哺育下,呈青背白肚、金爪黄毛,体壮,是我国著名的淡水蟹之一。其价格昂贵,市场需求量大,自然生长和依湖养殖已远远不能满足市场需求,冬季室内养殖成为养殖户增产的一条重要途径。

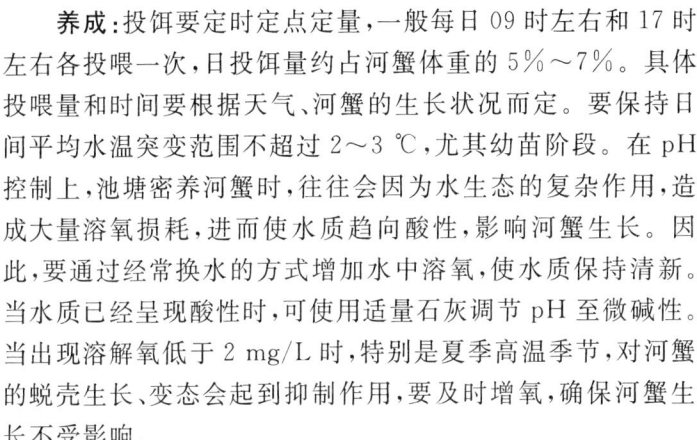

(1)科学投饵喂养

冬季来临前,根据中长期天气预报,当 11 月份冷空气影响将使外池水温低于 15 ℃时,从外池移入温室内饲养,大闸蟹在大棚温室内喂养 3～5 个月,顺利度过冬季。

大棚养殖大闸蟹,主要分为前、后两个阶段。前一阶段的主要作用在于保持大闸蟹生长势头,后一阶段的主要作用在于促进大闸蟹性腺发育以提高品质。前一阶段,大约在 11 月到翌年 1 月份,以大豆、麦粒、碎玉米粒、瓜果丁、红薯丁、蔬菜等植物性饵料为主。后一阶段,大约在 2—3 月份,以小杂鱼虾、蚕蛹、螺蚌肉、配合饲料等蛋白丰富的动物碎片为主。每日的投饵量约为蟹重的 5%～8%,分上、下午两次喂养,10 时左右投喂 25%的饵料,16 时左右投喂 75%的饵料。

(2)水温监控管理

大棚温室养殖成功的关键是要保证大棚内的池水温度稳定在 15 ℃以上,温度日常管理中,要做好池塘周边塑料薄膜的密封,如发现塑料薄膜上有漏洞、破损,应立即修复;如遇下雪,应及时清理大棚上的积雪;早晚温度偏低时,尽量不要打开大棚的门,以免温室内温度下降而降低池水温度。每天应根据天气情况灵活调整水的深度,当白天光照充足时可适当降低水深,以提升水体温度;如遇持续低温或阴雨天气时,则要往水池里加水,直到池满,以保持水温。

(3)水环境管理

大棚内养殖河蟹,由于日常投饵喂养,难免造成饵料过剩,如水温较高,则饵料易腐烂变质,从而破坏水质、减少水中溶解氧,进而影响到大闸蟹的生长。因此,要严格控制投饵量,并及时捞出水池中的残食。同时,还应根据水质情况,每隔 3 天左右的中午前后,换去 20%～30%的池塘水。大棚较小的,需每日中午前后开门换气一段时间,阳光充足时换气时间可长一些,阳光少或没有阳光时换气时间不可太长。大棚较大的,需每日使用气泵换气,以确保水中溶解氧在 5 mg/L以上。

33. 如何充分利用气象条件科学养殖青蟹

(1)青蟹适宜生长的环境条件是什么

青蟹分布在温带、亚热带及热带海区,主要集中生活于潮流缓慢、饵料丰富的浅海内湾和江河入海口的咸淡水交汇区域的潮间带泥质或泥沙质的滩涂上,喜停留在滩涂水洼之处。夜间出洞四处觅食,白天多穴居,尤其在涨潮的夜晚显得更加活跃。青蟹是喜食小鱼、小虾、贝类等动物性饵料的杂食性生物。能在盐度为 5‰~33‰的范围内生活,养殖最理想的盐度为 15‰~26‰。若长时间在过低盐度环境内生长,其血液的渗透压会失去平衡,造成腹部肿胀而死亡。当水温处于 7~8 ℃时会将整个身体埋进泥沙中,进入休眠状态;当水温在 10 ℃左右时开始出洞活动但行动迟钝;水温 10~18 ℃时开始摄食但食量较小,18~32 ℃是最适宜其生长的水温;当水温在 35 ℃左右时,则会出现明显的高温不适现象。

(2)池塘养殖青蟹的关键技术有哪些

在我国南方的大部分沿海,水温一年四季都在 10 ℃以上,生产者可以根据设计的养殖目的在一年四季的任意时段内组织养殖青蟹。目前人工养殖青蟹的目标主要有三种,分别是幼蟹暂养、菜蟹养成和青蟹育肥。不同的目标其养殖和管理技术是有差异的,大型养殖场应该有三个阶段配套的池塘。也有的专门从事某一阶段的养殖,如育肥。若按养殖方式的不同,可分成池塘养殖和滩涂围养。养殖过程的技术要点是：

养殖池准备：选择沿海滩涂水质稳定、无污染、离江河口泄洪道有一定距离的养殖池养殖为宜。池堤上要建立防逃网，防止青蟹外逃。放养前要对养殖池进行彻底消毒（方法同养虾消毒）。

放养密度：放养密度要根据养殖目标、生产管理能力、换水条件、当地的气候特征、饵料供应状况等综合因素决定。一般养殖水平下，计划当年养成的放养密度以放养 1.5 万～3 万只/hm² 为宜。

投喂：主要以动物性的贝类、小杂鱼为主，可以辅以植物性的瓜、菜等，也可以投喂配合饲料。投喂量以基本吃饱又无残饵为最佳，根据青蟹活动规律分早、晚两次沿池边浅水区投喂。

水质管理：换水时要注意不能造成换水前后池水的盐度相差太大。盛夏气温高时，可以通过加大池水深度的办法调节水温，冬天可通过加大水体来保温。要特别防止降水前后盐度变化太大，主要方法是，降水前降低池塘水位，降水结束后开启排淡闸门将上层淡水排出。

34. 如何充分利用气象条件科学养殖梭子蟹

(1) 梭子蟹适宜生长的环境条件是什么

在地球上已知的 275 种蟹类中，梭子蟹的经济价值最大，常见的有红星梭子蟹、运海梭子蟹和三疣梭子蟹等。因其头胸甲前缘左右两侧各有 9 枚锯齿，最后 1 齿最为长大，横向侧方突出，使头胸甲中部宽大、两侧尖细，形似织布用的梭子，故而得名。梭子蟹中数量最多、产量约占梭子蟹总产量 90% 左右的是三疣梭子蟹。因其蟹头胸甲上的颗粒细小，无花白云纹,有 3 个疣状突起,故名三疣梭子蟹。三疣梭子蟹广泛分布在我国沿海,尤以浙江、山东、福建沿海自然产量最多,也是我国沿海养殖的主要品种。梭子蟹栖息在水深 10～50 m 的海区,主要密集在 10～30 m 泥沙底质的近岸浅海海区。梭子蟹白天多潜伏在海底,夜间则游到水层觅食动物尸体等。水温低于 2 ℃时会冻死,6 ℃左右进入休眠,8 ℃左右停止进食,12～32 ℃范围内能正常生长发育,最适宜养殖的水温为 20～27 ℃。盐度在 10‰～34‰内能生长,盐度为 20‰～30‰生长最快。pH 在 7.8～8.5 之间比较理想。

(2)池塘养殖梭子蟹的关键技术有哪些

池塘准备:要选择灌排方便,水质比较稳定的塘口,面积不宜过大,以 0.2～0.3 hm² 为宜,大的池塘最好加隔网分成小块,以防因水质变化造成梭子蟹聚集一处,造成局部密度过大,相互蚕食。池塘内要多设置隐蔽物,让梭子蟹生长发育过程中有藏匿、逃避之处(特别是脱壳时期)。

放养密度:根据生产管理能力、适宜养殖时间长短、计划的收获产量、苗体大小、饵料情况及池塘水质等条件综合决定。如:放养Ⅱ期到Ⅲ期稚蟹进行养成,密度以 6 万～9 万只/hm² 为宜。

投喂:每天的投饵量要根据天气变化趋势、饵料质量、水温、水质、梭子蟹的摄食量等确定。一般以前、中期日投饵量约为其体重的 5%～10%,后期日投饵量约为其体重的 3%～5%为宜。分早、晚两次投喂,晚上投饵量占日投饵量的 70%,早晨占 30%。

水质管理:每日测量水温、溶解氧、pH、透明度,定期测定盐度、化学耗氧量、氨氮含量等水质因子。要求控制在一类水色,溶解氧大于等于 4.0 mg/L,氨氮含量小于等于 0.5

mg/L。在夏季要特别注意防止高温和降水影响水质,要及时通过增减池水调节水质。

35. 如何充分利用气象条件科学养殖太湖白鱼

(1)太湖白鱼生长发育需要什么样的环境条件

太湖白鱼是白鱼的一个重要品种,是食肉性经济鱼类之一,也是"太湖三白"家族中的重要一"白",是太湖中的优质鱼类。它形态扁长,鳞骨纤细,全身洁白,闪着银光,口上翘,故有"翘嘴白鱼"之称。太湖白鱼肉质细嫩,鳞下脂肪多,与鲈鱼十分相像,味道可与江南四鳃鲈鱼媲美。太湖白鱼属于名贵鱼类,从隋朝开始就成为进献皇室的贡品。太湖白鱼大多分布在太湖敞水区的中上层,以小鱼小虾为食饵。6—7月份为太湖白鱼的生殖产卵期,捕捞产量最高。太湖白鱼生存的水温范围比较广,一般在0～38 ℃之间都可以生存。但一般的摄食水温以3～36 ℃为宜,正常生长的水温以15～32 ℃为宜,而最适宜的生长水温是25～28 ℃,最适宜的繁殖水温为20～32 ℃。一般水环境的盐度在10‰以下,太湖白鱼均可生存。太湖白鱼生长需要水质清新,要求透明度在30 cm以上,pH在6.5～8.5之间。一般水中溶解氧约在3 mg/L时,太湖白鱼就可以生存了。当然,水体溶解氧大,对增强其食欲、促进其生长繁殖都非常有利。

(2)养殖太湖白鱼的主要技术要点有哪些

池塘条件:养殖太湖白鱼,要求池塘底硬且平坦、淤泥少、水质清新、水源充足,水深一般在1～1.6 m,池埂至少要高出水面0.5 m。放苗前15天左右,需用生石灰对池塘进行消毒。在池塘四周和边缘浅水区,应尽可能地种植一些黑藻、苦草、水花生等水生植物,以利于进行光合作用,增加水中溶氧量,净化水质,亦能为太湖白鱼提供活性食饵。

鱼苗放养:应选择体质健壮、无病无伤、规格均匀、体长 8～10 cm 的鱼种放养。放养一般在 6 月中旬进行,密度一般为 120 万～150 万尾/hm²。如果每公顷搭配 1 000 尾鲢鱼和一定的小虾则最佳。放养时,应用 2‰～4‰的食盐水浸泡 3～5 分钟鱼体,进行消毒,可以提高成活率。

养成:太湖白鱼在刚放养时,最好投喂全人工饲料或嫩草、嫩菜、红萍、青萍等水生植物。放养的第一个星期,需每天投喂 4 次。一周后,饵料中可逐步添加一些高蛋白膨化颗粒饲料,改为每天投喂 3 次,投喂时间一般为 08 时、12 时和 16 时。随着鱼体的增大和水温的升高,投喂量需增加,具体可根据天气、水质、鱼的活动情况来确定饵料的投放,一般日投饵量应控制在占鱼体重量的 3‰。一个月后,可投喂的饵料一般有鳗料、豆浆、蚕蛹粉、黄粉、黄豆饼、花生麸以及鱼浆、鱼糜、鱼粒等。太湖白鱼生长期长,进入低温季节仍能摄食生长,需继续投喂,但要适当减量。

管理:低温季节,池塘中水位不宜过高,以保证日常日照和水中溶氧量;当温度逐渐升高时,池塘中的水可以根据情况加深,以确保水温稳定。当日常温度在 25 ℃左右时,应每 7～10 天换一次水,确保水体透明度在 25～30 cm 之间;高温天气要慎防太湖白鱼缺氧浮头。总之,在每个养殖环节,都要确保池塘水活、清爽,让太湖白鱼有个良好的生活环境。

36. 如何充分利用气象条件科学养殖观赏凤尾鱼

凤尾鱼体形修长,有着非常漂亮的尾巴,因此,又称孔雀鱼、彩虹鱼。这类鱼有着温顺的性情、娇小活泼、玲珑剔透,很是讨人喜爱,喜欢在水体的中上层游玩寻食,适于人工养殖。

凤尾鱼适宜的水温为 18～34 ℃,最佳的养殖水温为 22～24 ℃。最适合凤尾鱼的 pII 为 6.5～7.5,水的酸碱值对凤尾鱼的影响相当大,应尽可能控制水的 pH。凤尾鱼喜欢偏硬的水,水硬度要在 10～30 dGH(养殖观赏鱼等观赏水生生物习惯使用,dGH 为德国水质标准,1 mg/L=2.8 dGH)之间。

养殖凤尾鱼的一般设备有:①过滤器:如果缸长不超过 1 m 的话,外挂或底沙过滤均可;超过 1 m 一定要加装底沙过滤器。②加温器:主要是在冬天用来调节水温,一般将水温调到 22 ℃即可,最好在 24～26 ℃之间。③灯:凤尾鱼对灯光要求不高,一般即可。④打气机:预防发生鱼缺氧。⑤洗沙器:这是必需品,洗沙或洗缸时都可以用到。

凤尾鱼养殖的主要技术包括以下方面:

养水:一般从水龙头放出的水要在桶中静养 4～7 天,如果盛水桶较小,担心氧含量不够,氯含量过多,可用打气机先充气 1～2 天,然后再用。如果用地下水,则最好放 2 天以上,而且不用底层的水。

水温:如果有加热棒,新的水要进行温度对比,缸内水温与要加水的水温之间的温差不超过 2 ℃,没用加热棒的也要注意温差。

换水:在水质很稳定且喂食也很稳定的情况下,一般约 7 天换 1/3 左右的水,但如果突然多喂食或加入新鱼,则另当别论。一般新缸大约每 2 天就要换 1/5 的水。由于水的 pH 不一样,加水时除了注意温度变化以外还要注意加水速度要缓慢,并避免加到鱼身上。

投饵:投饵是养殖凤尾鱼相当重要的一个步骤,要求量少次数多。饵料最好是虾苗、蚯蚓、水蚤、干燥饲料等,当然也可以喂汉堡包,但以自配的低脂肪汉堡包为最佳。

37. 如何充分利用气象条件科学养殖银鱼

(1) 银鱼生长发育需要什么样的环境条件

银鱼别名蛤残鱼、银条鱼、面条鱼、大银鱼等,是淡水中的又一名贵鱼种。它体形细长,银白光滑,近圆筒形,后段侧扁。不论是豪门盛宴,还是农家菜谱,它都以肉质细嫩、味道鲜美、无鳞无刺、无骨无肠的优势占有一席之地,又因含有丰富的蛋白质和极高的营养价值,被人们摆在了河鲜之首。银鱼广泛分布于山东至江浙沿海区域内,以长江口崇明等地为多,又以太湖银鱼为最佳。太湖历来盛产银鱼,近年因市场紧俏,人们已经开始进行人工养殖,以满足市场需求。银鱼在 $0 \sim 31.8$ ℃的水温范围内都可以生存,最适合养殖银鱼的水体温度为 $15 \sim 17.5$ ℃。银鱼适宜的溶解氧为 $5.33 \sim 10.8$ mg/L,主要来自大气及水生植物的光合作用。银鱼养殖水体适宜的硬度为 $1.78 \sim 6.29$ mg/L,碱度为 $0.93 \sim 3.02$ mg/L,pH 为 $6.5 \sim 9.2$。

(2) 养殖银鱼的主要技术要点有哪些

池塘条件:养殖面积要适中,避风向阳,进、排水方便,水位要稳定,水质要清新,水深应在 $5 \sim 15$ m 之间,水底砂砾、淤泥厚度应在 0.2 m 左右。整体水环境要松弛,密度不能过大,尽量避免有凶猛性鱼类存在。天然水草饵料要非常丰富,以便随时供应银鱼摄食。

鱼苗放养:第一次养殖的银鱼苗最好采用人工授精获得,可在天然水域中捕捉成熟亲体,现场进行人工授精而获得受精卵。受精卵获得后要求在室内静水环境中孵化,室内水温要稳定在 $4 \sim 6$ ℃之间,这样 $30 \sim 40$ 天便可出膜放养。出膜前一周将卵放入池中孵化,每亩放 2 万粒受精卵。一般在 2

月底放养成活率较高。放养池要提前施足肥,保证开食时有足够的饵料,施肥量根据水色和水温控制,尽量使池水透明度达到 40 cm 以上。

养成:当银鱼长到约 40 mm 的时候,摄食量就会明显增大,生长也迅速,此时为供应充足的饵料促进银鱼成长,必须保持水体中有稳定的浮游生物,一般为鱼体重量的 5%左右。银鱼对溶解氧要求比普通鱼类高,水温 20 ℃时,就很容易出现浮头现象,如不立即采取急救措施,很容易引起大量死亡。一般应对鱼浮头的方法是减少施饵量,不使饵料生物过量繁殖,再就是尽快更换新鲜水,必要时使用增氧机。高温季节应使池水水深在 2.5 m 以上,必要时采用遮阴措施,以防止高温危害。

38. 如何充分利用气象条件科学养殖大黄鱼

(1)大黄鱼生长发育需要什么样的环境条件

大黄鱼又名黄花鱼、黄瓜鱼、大黄花鱼,属于暖温性近海集群洄游鱼类,形体呈黄褐色,腹面为金黄色,各鳍则为黄色或灰黄色,鱼唇一般为橘红色。它广泛分布于黄海中部以南至琼州海峡以东的我国大陆近海水域的中下层。在我国海洋渔业史上,大黄鱼曾是"四大渔业"种类之一,但因长期的过度捕捞,目前的资源量急剧下降,以至于已形不成产量。因此,只有通过发展其养殖,才能弥补自然资源的不足,提高大黄鱼的市场供给。

大黄鱼一般在 10~32 ℃的水温范围内都能生存,最佳生长水温为 18~25 ℃,水温在 5.8~6 ℃时会死亡。当水温低于 12 ℃时,大黄鱼不摄食;当水温达到 15 ℃时,开始摄食;当水温达到 18 ℃以上时,摄食旺盛;当水温进一步上升到 30 ℃

以上时,摄食量又明显减少。大黄鱼生长需要的基本盐度范围是 2.48‰～3.45‰,最适宜的盐度为 3.05‰～3.25‰。最适宜大黄鱼的 pH 为 7.85～8.35。最适宜大黄鱼的溶解氧应在 4 mg/L 以上。

(2)养殖大黄鱼的主要技术要点有哪些

池塘条件:目前大黄鱼的成鱼养殖有网箱养殖与土池养殖两种形式,但由于其属于海鱼,对海水的依赖性很强,因此,人工养殖以网箱养殖为主。养殖网箱的深度一般在 3.5～4.0 m 之间,网眼大小要由养殖鱼苗的大小来确定。为避免鱼体擦伤,网的材料选择以质地较软的结节网片为佳。

鱼苗放养:应选择体型匀称、体质健壮、体表鳞片完整、无病无伤的鱼苗放养。同一网箱中放养的鱼种要求规格统一。计划养殖当年达到 400 g 以上规格的网箱,放养的鱼种规格要在 100 g 左右。使用封闭式水体运送鱼种的,在入箱时,要避免水温等条件的突变。鱼种的放养密度应根据网箱内水流畅通情况及鱼种的规格来决定。

养成:大黄鱼为肉食性鱼类,对蛋白质需求较高,养成阶段的饲料一般以冰冻鲐鱼、鳀鱼为主,辅以蛋白质含量在 45%左右的粉状配合饲料,经加工后投喂。大黄鱼养成期间,一般每天早上与傍晚各投喂一次;越冬期间,一般每天投喂一次;阴雨天气时,可隔天投喂一次。当天的投喂量,主要根据前一天的摄食情况以及当天的天气、水色、潮流变化、养殖鱼有无移箱等情况来决定。湿性饲料日投饵率在高温季节(水温 29 ℃以上)约为存塘鱼重的 5%,高的达 6%～8%,越冬期间在 1%以内。

管理:为保持大黄鱼的天然金黄体色,在养成后期,网箱上最好加盖遮阴布幕。在水流不畅、水质肥沃的连片网箱养殖区,要坚持每天早、中、晚三次检查鱼的动态,尤其是闷热天气,特别注意凌晨的巡视工作,防止缺氧死鱼。高温期,每隔15天用生石灰或漂白粉进行水质消毒,预防疾病。

39. 如何充分利用气象条件科学养殖黄鳝

(1)黄鳝生长发育需要什么样的环境条件

黄鳝属鱼纲、合鳃目、合鳃科、黄鳝亚科,别名有鳝鱼、长鱼、田鳗等,形体细长呈圆筒状,喜欢趋荫避光。黄鳝味道鲜美,刺少肉厚,又嫩又细,与其他淡水鱼类相比,可谓别具一格,有"小暑黄鳝赛人参"之说。黄鳝广泛分布在全国各地的湖泊、河流、水库、池沼、沟渠等水体中。除西北高原地区外,各地区均出现过,特别是珠江流域和长江流域,更是盛产黄鳝。

黄鳝适宜生存的水温为 1～32 ℃,适宜生长的水温为 15～30 ℃,适宜繁殖的水温为 21～28 ℃。当水温低于 15 ℃时,黄鳝吃食量就会明显下降;当水温在 10 ℃以下时,则停止摄食,随着温度的降低最终进入冬眠状态。当水温超过 30 ℃时,黄鳝行动反应迟钝,摄食停止,长时间高温或低温容易引发黄鳝的死亡。昼伏夜出是黄鳝的栖息特性之一,紫外线对黄鳝具有伤害作用,在人工养殖中,应尽可能创造条件,让其在阴暗的环境下生活。黄鳝正常生活适宜的水体 pH 为 6.0～7.5,最适宜为 6.5～7.5。pH 从 6.0 提高到 7.0 时,其生长率逐步提高,pH 从 7.0 提高到 8.0 时,其生长率反而下降,尤其从 7.5 上升至 8.0 时,生长率呈负增长。因此,pH 对黄鳝的生长有很大的影响。水中溶解氧在 3 mg/L 以上时,黄鳝能正常活动;当低于 2 mg/L 时,黄鳝有异常表现;当低于 0.17 mg/L 时,黄鳝容易死亡。

（2）养殖黄鳝的主要技术要点有哪些

池塘条件：黄鳝池应模拟自然生态环境，水体中要有水浮莲、水花生等水草生长，池底要有碎石块、碎砖头供黄鳝栖息。池塘面积一般为 20～50 m^2，池水必须是无毒的河水、湖水或地下水，水深 20～30 cm，新水池要进行脱碱处理。

鳝苗放养：人工养殖黄鳝，放养的种鳝密度主要取决于饵料来源和管理水平。如能放养 50 g 大规格的种鳝更好，因其成活率高，增重快，产量也高。放养的种鳝一般选用每千克40 尾左右的为最佳。一般而言 1～2 m^2 水面放养幼鳝 2.5～4 kg。

投饵：喂养黄鳝要做到"四定"、"四看"。"四定"，即定时、定量、定质、定位。定时，是指黄鳝在生长适温范围内，在 09时和 17 时左右各投喂一次；定量，是指水温在 20～28 ℃时，日投喂量为黄鳝体重的 2%～4%，上午投喂占 30%，下午投喂占 70%；定质，是要求饵料新鲜，特别是动物性饵料不能腐烂变质，配合饲料也要在保质期内；定点，是指饵料应投喂在固定的食台上，以减少散失，同时便于观察及清除残渣。"四看"，即看季节、看天气、看水质、看食欲，其中关键是要根据各种具体情况及时调整投喂量，另外当水温高于 30 ℃或低于15 ℃时要减少投喂量。

管理：要求水质清新、活爽，溶解氧充足，pH 稳定，透明度为 30～40 cm。每天应清除箱内残饵和箱外污物，以保持水流畅通；高温期要定时开增氧机，每天 05 时开机 2 小时左右，闷热天开机 4 小时；保持池水溶解氧在 4 mg/L 以上。在水温与水草管理上，夏季当水温超过 30 ℃时，应采取加注新水、加大水草覆盖面积等措施来调控水温；水草既是黄鳝栖息的生态场所，又可调节水温、水质，水草面积应占水面面积的

80%,目的是防暑降温,为黄鳝的生长、栖息提供良好的生态环境,同时便于观察。在防逃管理上,要坚持每天巡塘查箱,观察黄鳝活动和水质变化等情况。

40. 如何充分利用气象条件科学养殖泥鳅

(1)泥鳅生长发育需要什么样的环境条件

泥鳅属于鲤形目、鳅科、花鳅亚科,体细长,前端稍圆,后端侧扁,体灰黑,并杂有许多黑色小斑点,体色常因生活环境不同而有所差异。泥鳅喜欢栖息于静水的底层,常出没于湖泊、池塘、沟渠和水田底部等营养丰富的淤泥表层,对环境适应力强,除西部高原地区外,我国自南到北各地都有其存在。

泥鳅是温水性鱼类,生活的适宜水温为 20～30 ℃,最适宜水温为 23～27 ℃。水温在 30 ℃以上时,白天钻入泥土中栖息,冬季水温降到 5 ℃以下时,开始冬眠。泥鳅本身不喜欢强的光照,白天大多潜伏在水底,傍晚以后才出来觅食,因此养殖池塘应为泥鳅建造遮阳和躲藏的场所。泥鳅正常生活的水环境需要的 pH 为 5.5～7.5。泥鳅能在溶解氧 0.16 mg/L 以上的水中生活,对溶解氧的要求并不高,但养殖密度较高的情况下,应设置增氧机或经常换注新水,保持池水较高的溶解氧。

(2)养殖泥鳅的主要技术要点有哪些

池塘条件:选择避风向阳、排灌方便、弱碱性底质、无农药污染的地方建池。池深一般 0.7～1.0 m,水深一般 0.5～0.6 m,池壁需用砖、石块砌成;池中开挖鱼溜,以利其栖息和避暑防寒;池埂和池底要夯实。进、出水口用铁丝或塑料网拦住,池底向排水口倾斜,以便排水和捕捞。池底铺垫 15～20 cm淤泥层,池中投放浮萍,覆盖面积约占总面积的 1/4。

苗种放养：鳅苗的放养密度以 600～800 尾/m² 为宜，有水流条件的，可适当增加。同一池中要放养规格统一的鳅苗，以确保苗种均衡生长和提高成活率。

投喂：刚下池的鳅苗，对饲料有较强的选择性，需培育轮虫、小型浮游植物等适口饵料，并适当投喂蛆虫、蚯蚓、蚌肉、鱼粉、小杂鱼肉、畜禽下脚料等动物性饲料，以及麦麸、米糠、豆渣、饼类等植物性饲料，或人工配合饲料。日投喂量占鱼体总重量的 2%～4%，每天投喂 4 次，具体的投喂量应根据天气、水温等情况适时调整。秋天水温低于 15 ℃时，改为每天投喂 2 次。水温降到 10 ℃以下时，停止投喂。投喂方式为全池遍洒，可在每口池塘内搭建数个饵料台，用于检查摄食情况。

管理：夏季高温时，每天加注新水 5～10 cm，水温 20～25 ℃时每周换水 2 次，水温 15 ℃时每周换水 1 次。春秋季节每 15 天左右换一次水。每月全池泼洒 0.5 ppm 聚维酮碘 2 次进行病害预防，每月用驱虫散预防原生动物疾病 1 次。每天检查水质、残饵、吃食、活动情况，天气炎热时可采取适当措施遮阴，阴雨天之前应查看溢水孔、网是否堵塞或破损，防止池水满溢，平时还应防止敌害侵袭。

41. 如何充分利用气象条件科学养殖梭鱼

(1)梭鱼生长发育需要什么样的环境条件

梭鱼又称赤眼梭、红眼鲻、肉棍子、红眼鱼、斋鱼等。梭鱼在我国沿海均有分布，北部相对较多，南部较少。主要栖息于入海河口和港湾附近的阴阳水中。幼鱼喜欢集群生活，具有明显的趋光性和趋流性。对温度的适应性强，能在水温 3～35 ℃的水域中生存，最适宜养殖水温为 12～25 ℃，适应的盐度为0～38‰,并可在淡水中生活。幼鱼以浮游动物为食,成鱼以硅藻和小型生物为食。

（2）养殖梭鱼的主要技术要点有哪些

池塘条件:要选择靠近水源、水质清新、排灌通畅、水量充足且无污染的池塘。放苗前要严格清毒,放苗10天之前,向池中加水,注水后要根据天气、水温、水质等情况及时施肥肥水,以培育轮虫、枝角类、桡足类等浮游动物。

放养:放养密度,要根据养殖技术水平、当地的气候特征、鱼苗的大小、计划养成的规格、池塘条件、饵料供应能力等状况等综合因素决定。一般放养鱼苗规格为3 000～4 000尾/kg的10万～15万尾/hm²,当年即可养成规格为12～16 cm的鱼种。放养时一定要注意育苗池的环境与外界环境的差异,进行暂养训练,提高幼苗适应新环境的能力。

喂养:梭鱼属于以植物性饵料为主、食性较广的杂食性鱼类。可投喂菜饼、米糠、豆饼粉、花生粉、小杂鱼、蚕蛹或专门的人工配合饵料等。每天要有固定的投饵时间,如:09时左右,投喂全天饵料量的约40％;18时左右,投喂全天饵料量的60％。

水质管理:每天要多次巡塘,观察梭鱼摄食、水质等情况,结合预报的未来天气变化情况及时调控水质,如:高温前要加大水体等。保持水质清新,以一类为宜。养殖前期,为了提高水温,促进天然饵料生物繁殖生长,水深宜保持在60 cm左右;中期水深以保持在80～120 cm为宜;后期水深为120～160 cm较适宜。

42. 如何充分利用气象条件科学养殖鲈鱼

（1）鲈鱼生长发育需要什么样的环境条件

鲈鱼又称花鲈、七星鲈,主要生活在入海河口,对盐度和温度的适应性广,幼苗在盐度 22‰左右的海水中孵出,再溯河而上到咸淡水交汇的河口生活,并可进入淡水水域觅食生长,但成鱼多数在咸淡水中栖息,也可以在淡水中生活。鲈鱼是凶猛的肉食性鱼类,一次的摄食量可达体重的 5%～12%,鱼苗以桡足类和糠虾为主要饵料,体长达 10 cm 后,则以捕食小鱼虾为主。海水鲈鱼在盐度 0～5‰中生长最快,淡水鲈鱼一生都可以在纯淡水中生活,水温 14 ℃开始摄食,18～30 ℃生长最快,35 ℃以上时活动明显减弱。

(2)养殖鲈鱼的主要技术要点有哪些

目前,养殖鲈鱼主要有海水养殖和淡水养殖,以池塘和网箱的相互组合模式为主。鲈鱼幼苗主要来源于海捕。养殖的主要技术要点是:

鱼苗培育:从海区捕捞的鲈鱼苗(体长约 1.5～2 cm)首先要进行淡化训练,然后放入暂养池(盐度约 1‰左右)进行暂养,鱼苗体长达到 4～6 cm 时可放苗入养成池饲养。

池塘准备:要选择水流通畅、无污染的塘口并严格消毒,放苗前约 10 天开始肥水,以一类水质为宜。

放养:选择水温高于 14 ℃的晴天下午放苗。

投喂:饵料以小杂鱼为主,辅以人工配料。鲈鱼抢食快,食量大,所以,一定要定时定量投喂。投喂时可先少量投喂引导其上浮抢食,等鱼群大量聚集时再加大投喂量,当大部分鱼下沉不抢食时中止投喂。日投喂量和次数要根据天气、水质、鲈鱼生长速度等决定。快速生长的季节,投饵量要增加,投喂次数也要增多,每天可以投饵 4～5 次,反之,低温的早春、晚秋要少投,次数要减少。

水质管理:养殖鲈鱼时保持池子水质清新和溶氧充足是十分重要的,水质控制在一类较好,夏季要勤巡塘,严防高温危害,备足增氧设备和药品,一遇异常情况及时处理。

43. 如何充分利用气象条件科学养殖罗非鱼

(1)罗非鱼生长发育需要什么样的环境条件

罗非鱼,原产于非洲,我国 1957 年从越南引进内地,又名"越南鱼"。因其原产于非洲,形似本地鲫鱼,故又有人叫它"非洲鲫鱼"。罗非鱼适盐性强,海淡水中皆可生存,对环境温度要求高,当水温低于 15 ℃时,罗非鱼处于休眠状态,在水温 16~38 ℃的水域中能够生活,最适生长水温为 22~32 ℃。一般栖息于水的底层,随着水温变化或鱼体大小改变而改变栖息的水层。能耐低氧环境,窒息点的水中溶解氧为 0.07~0.23 mg/L,水中溶解氧在 1.6 mg/L 时仍能生活和繁殖,在 3 mg/L 以上时正常生长发育不受影响。

(2)养殖罗非鱼的主要技术要点有哪些

日前养殖罗非鱼成鱼主要有池塘养殖、稻田养殖和网箱养殖三种方式。它们对养殖的共同要求是:

养殖池准备:要选择水源充足、水质清新、无污染、安静且排灌方便的地方。放苗前要清塘并严格消毒。池塘面积一般 0.2~0.4 hm²,水深以 1.5~2 m 为宜。

放养:一般选择水温稳定在 16 ℃以上时的微风晴好天气开始放苗,池塘养殖可与其他鱼类混养,一般放养鱼苗 2.5 万~4.5 万尾/hm² 为宜。

投喂:罗非鱼的食性很广,可以投喂小麦、玉米、饼粕等饲料,每天投喂 2 次,时间分别为 08 时和 15 时左右。

日常管理:要注意日夜巡塘,每天早、中、晚测量水温等。

44. 如何充分利用气象条件科学养殖遮目鱼

(1)遮目鱼生长发育需要什么样的环境条件

遮目鱼,又称虱目鱼,俗名细鳞鱼、海港鱼等,广泛分布于印度洋和太平洋。中国主要分布于台湾沿海、南海、东海南部,尤以海南岛及南海诸岛产量较多,偶见于黄海。遮目鱼属暖水性集群鱼类,其适温范围为 15～40 ℃,最适生长水温为24～35 ℃,42.7 ℃以上或 8.5 ℃以下为致死水温;最适宜盐度为 16‰～32‰。

(2)遮目鱼养殖的主要技术要点有哪些

池塘建设:遮目鱼的养殖主要有咸淡水池塘养殖及湖泊、海湾圈养两种方式,以前一种方式为主。建在水源充足、灌排方便、交通较好的地方。面积以 0.3～0.6 hm² 为宜,水深1.0～1.5 m。

放养:4—5 月间采捕的鱼苗,一般体长 12～16 mm,鱼体透明无色。捕回来的鱼苗先在蓄养池内高密度暂养 4～5周,长成幼苗后,再移入养成池中饲养。目前,养殖遮目鱼一般都与其他海水或淡水鱼虾混养。由于养殖需要较高的温度,一般采用大棚暂养鱼苗,延长养殖时间,提高养殖产量和品质。放苗时一定要注意天气,选择春天的冷尾暖头的微风晴好天气放苗。

喂养:在放苗 10 天前进行肥水,提高鲜活饵料的数量,随着鱼的生长,要适时补充人工饵料,人工饵料以米糠、花生饼、豆饼、玉米粉等为主。日投喂量和投喂时间要根据天气、水温、水色及实际摄食等情况综合确定,一般日投饵总量按鱼体总重的 3%计算,每天 08 时和 15 时左右投饵,晴好天气在池塘上风处将饵料均匀撒于水面,先少投,吸引鱼群集中觅食,当集群时加大投饵量,直到将饲料全部投完。

水质管理:平时要加强巡塘,观察水色和鱼的活动情况,特别要注意有无浮头现象、死鱼、病害等发生,及时采取相应措施,防患于未然。遮目鱼在池塘养殖过程中对适宜盐度要求较高,在夏季强降水来临之前,一定要降低水位,降水结束后及时排淡,确保降水前后养殖池水的盐度不要突变。

45. 如何充分利用气象条件科学养殖革胡子鲶

(1)革胡子鲶生长发育需要什么样的环境条件

革胡子鲶俗称埃及塘虱,系广东省淡水养殖良种场于1981年11月从埃及引入。革胡子鲶的形态与我国南方产的胡子鲶相似,区别在于革胡子鲶的背鳍和臀鳍的基部更长,鳍条数目更多。革胡子鲶属底层鱼类,厌强光,喜栖息在阴暗处,温度越高,生长越快。有一定的钻泥能力,耐低氧能力强,生长快,疾病少,具有互相残杀的习性。属以动物性饲料为主的杂食性鱼类。革胡子鲶耐低温能力差,生存要求水温不低于 7 ℃,最好保持在 10 ℃以上。养殖革胡子鲶时将水温控制在 22～30 ℃对其生产发育最有利。

(2)养殖革胡子鲶的主要技术要点有哪些

池塘准备:革胡子鲶对环境适应性强,坑洼地、稻田和藕田等只要能保持 30 cm 左右水深的任何形状和大小的池塘中都可以饲养,放养前要对池塘进行消毒。

放养:要选择水温稳定在 15 ℃以上且池水水温日较差小于 5.0 ℃的晴好天气放苗,规格以 5～10 cm、体质健壮、规格整齐的鱼苗为宜。放养密度要根据养殖期间当地的气候条件、池塘状况、养殖管理水平等综合决定,一般放养密度以

5 万～9 万尾/hm² 较宜,放养前一定要用 3%～4% 的食盐水浸洗鱼体 5～10 分钟进行消毒。

管理:要坚持定时、定位、定质、定量的投喂原则。定时:一般每天 08 时、14 时、18 时左右投喂。定位:投饵位置不要随意更换,以驯化其摄食条件反射,定时到固定位置觅食。定质:投喂的饵料要保证质量,严防病从口入。定量:革胡子鲶具有暴食和互相残杀的特性,投喂量少了会互相残杀取食,投喂量多了会过饱撑死。所以,一定要根据天气、生长状态每天调整投饵量。革胡子鲶能在缺氧的条件下生存,离水后也能生存较长时间,不怕坏天气引起水质变化,最怕的是强降水引起逃鱼,所以,强降水来临前要预降水位,仔细检查防逃网等,确保不漏鱼。

46. 如何充分利用气象条件科学养殖甲鱼

(1)甲鱼生长发育所需要的环境条件是什么

甲鱼学名鳖,又叫团鱼,广泛分布于江河、湖沼、池塘、水库中,是淡水鱼类中的珍品。甲鱼常在水底的泥沙中生活,喜食鱼、虾等小动物,也吞食瓜皮果屑、青草及谷物等。甲鱼的体温随着气温的变化而变化,适宜养殖的水温为 17～32 ℃,最适宜为 28～30 ℃,秋季水温降到 15 ℃时,甲鱼开始停食;降到 10 ℃以下时,便钻入池底泥沙中,处于冬眠状态。

(2)养殖甲鱼的主要技术要点有哪些

养殖池准备:要选择环境幽静、避风向阳、排灌方便的塘底为沙性土的池塘。一般面积以 0.1～0.2 hm² 为宜,水深 1 m 左右。池塘四周要建好防逃墙,一般高度为 1～1.5 m 为宜。池边要建晒台和饵料台,饵料台要与水面成 30°～45° 的角,这样有利于甲鱼找到食物和躲避干扰。一般在离饵料台

1 m 左右处围一个边长的 2 m 的框,框内种植水浮莲、水葫芦等水生植物,供甲鱼隐藏、晒背、乘凉等用。

放养:要根据养殖期间气候特点、生产管理水平和养殖目标决定放养密度,一般而言,2～3 龄幼鳖以 1 500～2 250 kg/hm² 为宜。外池养殖要选择水温稳定通过 17 ℃ 的冷尾暖头的晴好天气下午放养。

投喂:甲鱼喜静怕声,喜阳怕风,喜洁怕脏,所以,每次投饵前应用刺激性小的消毒液和消过毒的刷子清洗饵料台及其四周,每 3 天消毒一次。投料时应尽量减少对它的干扰。投饵量以 1～1.5 小时吃完为标准,剩余饵料应及时收捡,以做他用。正常以日落时开始投喂日出前投完为宜。投喂量和投喂时间一定要根据天气变化及时调整,如:暴雨期间要少投喂,夏季高温天气早晨投喂要早,晚上投喂要迟。

水质管理:定时巡塘,及时了解甲鱼摄食、生长活动、病害以及池塘的水质和设施等情况。要根据天气变化及时调整水质和水位,夏季高温期间要定期对水消毒,具体方法为:使用 0.5～1 ppm 的二氧化氯制剂或 2～3 ppm 的漂白粉或 1～2 ppm 的强氯精或 15～40 ppm 的生石灰全池泼洒消毒,施药 2～3 天后全池泼洒 5 ppm 左右的光合菌制剂,调节水质。通过定期换水等方法保证水色为一类,有条件的采用微流水养殖效果会更好。

47. 如何充分利用气象条件科学养殖鲫鱼

(1) 鲫鱼生长发育需要什么样的环境条件

鲫鱼,又称喜头鱼、鲫瓜子、鲋鱼、鲫拐子、朝鱼、刀子鱼、鲫壳子等,是重要的淡水养殖鱼种之一。全国各地水域常年均有生产,自然生产的鲫鱼以 2—4 月份和 8—12 月份最肥美。养殖鲫鱼适宜水温为 15～30 ℃,最适宜水温是 25～28 ℃。水温低于 15.0 ℃和高于 30 ℃时食欲大减,活动减弱。

(2)养殖鲫鱼的主要技术要点有哪些

养殖池准备:一般选择水质稳定、排灌方便的 1～2 hm² 的池塘进行养殖,养殖前要清塘,清除食肉性鱼类并进行消毒。在放养 10 天前开始肥水,最好用有机肥,如鸡粪等。

放养:选择水温稳定通过 10 ℃的微风晴好天气放苗,放苗前要对鱼苗进行消毒,具体方法为:用 1‰～3‰的盐水浸泡鱼体 5～20 分钟或用 10～20 mg/L 的高锰酸钾消毒液浸泡鱼体 15～30 分钟或用 30 mg/L 的聚维酮碘消毒液浸泡鱼体 15～20 分钟。放养密度要根据养殖期间当地的气候条件、水质状况、换水能力、生产管理水平和养殖目标综合确定,如:培养鱼苗的可放养 15 万～20 万尾/hm²;进行成鱼养成时,规格为 50～60 g 的鱼苗,放养 2 万～3 万尾/hm² 较为理想;进行商品鱼养成时,规格为 50～60 g 的鱼苗,放养 1 万～2 万尾/hm² 较为理想。

投喂:由于鲫鱼是生活在水体中下层的鱼类,所以要进行上浮抢食训练,通过抢食训练可以降低饲料成本,增加效益。驯化期的水质宜保持二类水色。要根据天气、水温和鱼群摄食情况合理调节投饵量及投喂次数。如:水温低于 18 ℃时,日投饵总量约为鱼体重量的 1%～3%,每天 08 时和 18 时左右投喂;水温在 18 ℃以上时,日投饵总量约为鱼体重量的 3%～5%,可分成 06 时、14 时和 18 时左右投喂。大雨等灾害性天气影响期间要少投喂甚至不投喂。投放饵料的速度和面积可根据鱼的抢食状况按"慢—快—慢"的节律来确定,如摄食激烈,应加大投喂面积,并加快速度,反之,则要缩小面积,减慢投放速度,每次投喂时间应控制在 30～40 分钟之内,不宜拖得过长。

日常管理:平时要加强巡塘,观察水质变化、鱼的活动和摄食情况等,随时采取应对措施,确保水色为一类,池中鱼不浮头,如高温季节晴天中午、有大雾的早晨等特殊天气,要主动开机增氧等。

48. 如何充分利用气象条件科学养殖草鱼

(1) 草鱼生长发育需要什么样的环境条件

草鱼,也称鲩鱼、草鲩、草根等。草鱼在水温 1～38 ℃范围内都能存活,最适宜养殖水温为 25～30 ℃,在水温 27～30 ℃时其日进食量可达自身体重的 60％以上;当水温低于 20 ℃时摄食量明显降低,低于 7 ℃时停止摄食。幼鱼主要摄食浮游动物,以及摇蚊幼虫等。当体长达到 5 cm 以上时就随着体长的增加而增加食草量,在成鱼期有什么草吃什么草,尤其喜食苦草、马来眼子菜、大茨藻、轮叶黑藻、菹草、浮萍等。草鱼比较喜欢清瘦和偏碱性的水质,在 pH 为 7.5～8.5 的微碱性水中生长最好。草鱼虽然是淡水鱼但对盐度有一定的适应能力,在盐度达到 0.3‰的水体中仍可正常生长。

(2)养殖草鱼的主要技术要点有哪些

池塘准备:一般选择水质稳定、灌排方便、面积约 2～4 hm²,水深 2～2.5 m 的池塘比较适宜。放养前要清塘、消毒。

放养:选择水温稳定通过 20 ℃的微风晴好的天气放苗,草鱼一般不单独养殖,主要采取和上层鲢、鳙鱼混养。放养密度要根据养殖期间当地的气候条件、养殖目标、混养的品种数量、生产管理水平、换水能力等综合决定。如:与鲫鱼混养,当投放规格为 60 g 以上的鲫鱼鱼苗 2 万～3 万尾/hm² 时,可投放 50 g 左右的草鱼鱼苗 0.2 万～0.3 万尾/hm²。

投喂:草鱼正常养殖投喂量比较少,主要靠人工培养的水生动、植物为其饵料,也可以按养殖其他鱼类的方法投喂人工饲料,但对饵料品质的要求可以明显低于其他鱼类。

水质管理:养殖草鱼的目的大多是通过鱼群分层来改善水质,所以,一般都把它作为综合生态养殖的鱼种来搭配养殖,很少有草鱼浮头现象出现,但灾害性天气来临前还是和养殖其他鱼类一样要采取应对措施。

49. 如何充分利用气象条件科学养殖贝类

贝类养殖品种过去以文蛤为主,近几年全国沿海蛏、泥螺发展较快,青蛤、杂色蛤正在逐步形成生产规模,西施舌、硬壳蛤等品种也已经发展到一定规模。这些贝类,虽然品种间外观和生物学特性差异很大,但对气象条件的要求基本一致,主要为:正常生长水温为 0～35 ℃,适宜生长水温为 15～30 ℃,并且随着水温的升高生长速度加快,盐度为 6.5‰～26.1‰对养殖较为有利。强降水、高温、多雨、低气压是造成贝类大批死亡的主要气象条件。

根据相关的试验研究,将暴雨日数作为强降水的指标,日极端气温≥35.0 ℃的日数作为高温指标,雨日作为多雨指标,日最低气压<1 000 hPa 天数作为低气压的指标,进行当地养殖贝类的灾害性天气影响分析是很有实用价值的,从选定的评价气候适宜性的因子区域间差异看,影响程度从高到低的排序为高温>低气压>多雨>强降水。说明造成区域间养殖贝类气候适宜性差异的主要是高温、低气压、多雨、强降水等天气,所以,加强贝类养殖管理的生产措施之一是要加强灾害性天气的影响程度评估、灾害性天气预报及其防灾抗灾的应对措施等方面的研究。实际养殖中,大部分贝类养殖是不投饵的,其食物主要靠自然条件提供,所以,气象条件只是贝类生长发育的环境条件之一,其生长发育全过程受水质的影响程度很大,因此,生产管理的重点要放在沿海水质的监控调节上。

50. 如何充分利用气象条件科学养殖沙蚕

目前,全国沿海养殖的沙蚕主要为围沙蚕和刺沙蚕等属的大型种类,沙蚕俗称海虫、海蛆、海蜈蚣、海蚂蟥。沙蚕营养丰富,是鱼虾嗜食的鲜活饵料,更是优良的钓饵,同时,我国沿海不少省份的渔民,将生殖腺成熟的沙蚕干制后,煮汤食用,味道极其鲜美,因此,被视为营养珍品,素有"天然味精"之称。近年来,随着世界钓鱼业和沙蚕深加工技术的发展,沙蚕已成为制作饵料和医药制品的重要原料等,沙蚕鲜体和加工品在国内外十分畅销,社会需求量大增,仅日本市场沙蚕鲜体的年需求量就达 1 700～2 000 t,价格直线上升,已达到每吨 1 万美元,引发了沿海养殖沙蚕热,仅江苏省盐城市滩涂沙蚕养殖面积就达 1 万 hm^2 左右,鲜活体年出口总量达 720 t。

目前,养殖沙蚕的方式有三种:一是工厂化养殖;二是采取人工或半人工繁育种苗,再大面积放养的粗放型池塘养殖;三是在一定范围的海区潮间带人工放养的增殖型滩涂放养。江苏沿海主要是以养贝类(缢蛏)池塘中的护养增殖为主。沙蚕底栖穴居在潮间带泥沙底质中,以动、植物碎片和腐屑为饵;对温度和盐度等的适应能力比较强,适宜生长发育的水温为 16～30 ℃,pH 为 7.5～8.5 左右,盐度为 25‰左右。对在露天环境养殖而言对其养殖影响比较大的是会引起水质突变的大风和强降水。

因为沙蚕养殖是不投饵的,其食物主要靠池水提供,其生长发育全过程受水质的影响程度较大,所以,生产管理的重点要放在水质调节上。大风来临前要加大水体,保证底层水质受影响小,暴雨来临前要降低水位,暴雨过后要立即排淡,减少暴雨对水质的影响。同时,沙蚕是许多养殖海产品的鲜活饵料,因此,要科学选择与其混养的品种,现在流行的做法是选择与贝类混养,但其是否与贝类争食、是否影响贝类的生长发育还有待进一步研究。

51. 如何充分利用气象条件科学养殖海蜇

海蜇为腔肠动物,在热带、亚热带及温带沿海都有广泛分布,我国沿海常见的海蜇有伞面平滑、口腕处仅有丝状体的食用海蜇或兼有棒状物的棒状海蜇,以及伞面有许多小疣突起的黄斑海蜇。海蜇不仅营养丰富还是一味治病良药,《归砚录》中称,海蜇可"宣气化痰、消炎行食而不伤正气"。新鲜海蜇有毒,加工后才能食用,人们将加工后的伞部称为海蜇皮,腕部称为海蜇头,海蜇皮的价格贵于海蜇头。海蜇渔业有悠久的历史,但其捕捞量年际间差异很大,价格不断上涨,其养殖价值越来越明显。

海蜇喜栖在近岸 5～20 m 的水域中,尤其喜欢浮游生物较多的河口附近的弱光照环境。适宜生长发育的水温为 16～30 ℃,致死水温上限为 35 ℃,最适宜养殖水温为 18～24 ℃。适应盐度为 10‰～32‰,致死下限盐度为 6‰,最适宜盐度为 14‰～20‰。养殖期间的主要灾害性天气为大风、寡照和强降水。

通常云多时光照相对较弱,将日总云量大于 8 成的天数作为寡照的指标。据相关研究表明,对养殖海蜇的产量和品质影响程度,从高到低的排序为:大风>寡照>累计降水量>致死高温时段>强降水>夏季高温不适宜养殖时段。这说明,造成区域间养殖海蜇气候适宜性差异的主要是大风、寡照、降水、夏季高温等灾害性天气,所以,生产管理上要重点研究防灾抗灾的应对措施,如:夏季当预报要出现高温时提前加大水体,降低水温受气温的影响程度等。同时,海蜇养殖是不投饵的,其食物主要靠池水提供,所以,要加强水质调节的力度,确保水质不突变,提高养殖产量和品质。

52. 如何充分利用气象条件科学养殖紫菜

对紫菜的食用和药用在我国有悠久的历史,早在 1 400多年前,《齐民要术》中就已提到"吴都海边诸山,悉生紫菜",《本草纲目》中详细描述了紫菜的形态和采集方法,指出"凡瘿结积块之疾,宜常食紫菜"。日本的黑木宗尚于 1953 年、中国的曾呈奎于 1955 年分别揭示了紫菜生活史的全过程,为人工育苗打下了理论基础,此后,紫菜进入了人工大面积养殖阶段。

养殖条斑紫菜的主要气象指标为:①水温:适宜放苗水温为 12～17 ℃,16 ℃左右为最适宜;大藻体生长发育的适宜水温为 3～5 ℃;成叶期生长发育的适宜水温为 3～8 ℃;收割的最后期限是水温不超过 20 ℃。②光照:要求日日照时数在10 小时以上为佳。③主要气象灾害:大雾、寡照、大风,以及冬季沿海气象台站日极端最低气温≤－5 ℃时在近海海面引起结冰,形成冻害。影响程度从大到小的顺序为大风>冻害>雾害>寡照。

气象条件只是紫菜生长发育的环境条件之一,其生长发育全过程还会受水质的影响。如孢子的萌发、丝状体的生长、膨大细胞和双孢子的形成以及壳孢子的放散等,对盐度的适应范围为 20‰～33‰,最适为 24‰～30‰,当盐度低于13.0‰时,虽然丝状体也能生长,并能形成膨大细胞和双孢子,但数量很少。我国北部沿海紫菜养殖季节的降水量是全年中最少的阶段,尤其强降水较少,所以,降水对其影响相对较小;但南部沿海降水的影响就不能不重视。养殖紫菜是在自然海水中进行的,紫菜主要生长在潮间带,所以海水流动和潮汐对其影响明显,主要表现为海水流动不断为紫菜丝状体补充海水中的营养盐,带走了其代谢产物,同时也改善了海水中氧气和二氧化碳供给状况。在紫菜养殖早期低潮位生长快,中期则是中潮位生长快,后期则是高潮位生长快。养殖紫菜病害较多,如对丝状体为害最大的黄斑病,可造成丝状体死亡。据生产经验,紫菜发病往往与气象条件有关,如:赤腐病在下雨后 1～2 周内温暖的天气,水温 12～15 ℃时易发生。所以,平时制订生产管理措施时要考虑天气变化、生长状况和近海海洋等综合情况,确保紫菜的生长发育环境少变,有灾害性天气时要提前采取措施,如:大风来临将能割的紫菜收割回来,放苗初温度升得过高的话,将苗收回放冷库冷藏,等温度适宜后再放到室外养殖等。

参 考 文 献

蔡士来,商兆堂,唐树华,等.1994.盐城市沿海滩涂亲虾适宜入室期的气候条件研究.南京气象学院学报,**17**(增刊):146-148.

蔡士来,商兆堂,张述荣,等.1994.盐城市沿海虾池对虾浮头与气象条件的关系.海洋科学,**10**:11-12.

蔡士来,商兆堂,陈竹君,等.1995.盐城市沿海滩涂两茬养虾气候可行性研究.中国农业气象,**16**(6):42-47.

蔡士来,商兆堂,缪春到,等.1995.亲虾越冬保种的温室气候条件及其调控技术研究.中国农业气象,**16**(2):45-47.

蔡士来,商兆堂,等.1999.对虾养殖与气象.北京:气象出版社.

程咸立,申学华,丁仁祥,等.2007.河蟹池塘生态标准化养殖技术要点.中国水产,(4):26-28.

胡廷尖,周志明,黄鲜明,等.2001.秀丽白虾生物学特性及资源开发的初探.水利渔业,(2):7-8.

蒋名淑,商兆堂,田设成,等.2000.江苏沿海对虾亲虾入室期规律分析及其预报.南京气象学院学报,**23**(3):440-444.

蒋名淑,商兆堂,蔡士来.2001.江苏沿海对虾病毒性疾病的发生规律分析及防御对策.中国农业气象,**22**(4):47-49.

蒋名淑,商兆堂,王亦平.2001.江苏沿海养殖对虾与罗氏沼虾的气候适应性分析.中国农村小康科技,(6):32-33.

刘汉中.1991.普通农业气象学.北京:北京农业大学出版社.

商兆堂.1994.用建立效益函数的方法确定对虾适宜放苗的水温指标的探讨.气象科学,**14**(3):282-286.

商兆堂,蔡士来,杜德平,等.1997.中国对虾育苗时间与温度的关系及其应用.中国农业气象,**18**(2):40-42.

商兆堂,蔡士来,李荣生,等.1998.东方对虾的生产过程与气象关系及其应用.气象科学,**18**(1):72-80.

商兆堂,蒋名淑,王亦平,等.2000.江苏沿海对虾养殖放苗指标的规律分析及预报.水产科学,**19**(3):6-8.

商兆堂,蒋名淑,蔡士来,等.2001.东方对虾养殖气象服务系统.水产科学,**20**(5):27-29.

王亦平,蒋名淑,商兆堂,等.1999.江苏沿海对虾浮头泛塘的气象预报及其防御对策.中国水产,**10**:36-37.